普通高等教育"十一五"国家级规划教材

微型计算机原理与接口技术

（第 3 版）

赵宏伟　秦　俊　张晋东　黄永平　编著

U0296090

科学出版社

北　京

内 容 简 介

本书以 Intel 8086 和 Pentium 为出发点,介绍微型计算机原理、指令系统与汇编语言以及接口技术。主要内容包括:微处理器一般原理及 Intel 8086 和 Pentium 微处理器的基本构成、编程结构、工作时序及引脚,微型计算机存储器接口、高速缓存及 Pentium 的虚拟存储管理,X86 微处理器指令系统与汇编语言,输入输出控制方式及 DMA 控制器 Intel 8237A,中断及中断控制器 Intel 8259A,基于可编程接口芯片 Intel 8255A 和 Intel 8253A 的接口设计,串行通信基本原理及基于 Intel 8251A 的接口设计,数模转换与模数转换基本原理及基于 DAC0832、ADC0809 的接口设计,基本的键盘与显示器人机接口设计。

本书可作为高等学校计算机科学与技术、通信工程、电气工程及其自动化、仪器仪表等专业的教材,也可供从事计算机应用工作的工程技术人员及其他自学者学习和参考。

图书在版编目(CIP)数据

微型计算机原理与接口技术 / 赵宏伟等编著. —3 版. —北京:科学出版社,2024.11

普通高等教育"十一五"国家级规划教材

ISBN 978-7-03-075639-8

Ⅰ. ①微⋯ Ⅱ. ①赵⋯ Ⅲ. ①微型计算机-理论-高等学校-教材②微型计算机-接口技术-高等学校-教材 Ⅳ. ①TP36

中国国家版本馆 CIP 数据核字(2023)第 099020 号

责任编辑:杨慎欣 张培静 / 责任校对:何艳萍
责任印制:赵 博 / 封面设计:无极书装

科学出版社 出版
北京东黄城根北街 16 号
邮政编码:100717
http://www.sciencep.com

北京华宇信诺印刷有限公司印刷
科学出版社发行 各地新华书店经销
*
2004 年 4 月第一版
2010 年 6 月第二版
2024 年 11 月第 三 版 开本:787×1092 1/16
2024 年 11 月第一次印刷 印张:13 3/4
字数:326 000
定价:64.00 元
(如有印装质量问题,我社负责调换)

第 3 版前言

《微型计算机原理与接口技术》已经出版了两版（科学出版社，2004 年 4 月第 1 版，2010 年 6 月第 2 版）。十余年来，微型计算机原理、汇编语言及接口技术教学理念、内容重点以及课程学时等不断变化，为适应不断发展的教学需求，在前两版的基础上，对《微型计算机原理与接口技术》进行修订。

综合考虑与前序相关教学内容上的衔接与互补、适应专业课程学时调整、保持知识体系的完整性等需求，以基础性、原理性和前瞻性知识学习，综合应用和设计能力培养为目标，确定第 3 版的修订内容如下。

（1）优化内容与章节组织。在第 2 版的基础上，进一步优化了内容和章节次序。把微型计算机原理、汇编语言、接口技术进行了内容统筹，从理解微型计算机工作原理及系统设计角度出发，重新组织了章节和内容布局。按照核心硬件、编程、接口及设备的层次安排章节次序。每个章节有独立的知识与方法介绍，相邻章节内容又有关联衔接。

（2）突出原理性知识学习与实际应用设计能力培养相结合。章节中，原理性内容的阐述与基于原理的实际软硬件实现及应用紧密结合，让学生在学习知识和能力的同时，领悟原理与具体实现及应用的关系，进而培养学生理论与实践相结合的能力。在各个章节的内容安排上，首先是原理及知识阐述，然后是典型软硬件的实际实现，大部分提供了应用示例。

（3）在时序、虚拟存储器等难点部分进一步扩充了实例，并在第 3 章中的一些部分使用了以示例为主阐述内容的方法。在篇幅压缩及知识密集度提高，以及学时压缩、自学任务增强的情况下，通过例子与知识讲解的交互，加快学生对内容的感悟，通过同时调动演绎与归纳能力提高学习的效率。因此，缩减了一些普遍性不突出的知识细节介绍，增加了示例数量和篇幅。

（4）突出系统性理解和作为前序课程原理实施的示范作用。作为专业课程的教材，本书综合了很多组成原理、操作系统原理等方面的具体实现，如 Pentium 处理器的组成、虚拟存储器管理等，这样的内容组织方式加强了与相关原理部分的联系，并从整体展开阐述。

本书由赵宏伟统筹全书内容、章节布局及编写风格，秦俊主要编写各章节的主体内容，张晋东主要整理编写汇编语言程序设计部分的程序，黄永平主要编写接口部分的综合应用例子。

在这一版的编写过程中，参考了一些优秀教材、专著以及网络上的材料，本书编者在此向相关作者表示最真诚的谢意。

　　虽然编者编写过多部相关教材，在本书的编写中也尽心尽力，由于编者水平所限，书中不当之处难免，恳请读者斧正。

编　者

2023 年 8 月于吉林大学

第 2 版前言

《微型计算机原理与汇编语言程序设计》（科学出版社，2004 年 3 月第一版）和《微型计算机原理与接口技术》（科学出版社，2004 年 4 月第一版）出版至今已 5 年多的时间，这期间很多院校的师生选择本书作为教材，并根据教学经验提出宝贵的教材修订建议。

第 2 版的教材修订是在第 1 版的基础上进行的，在编写方针、内容叙述、形式风格上保持了与第 1 版的一致性。

与第 1 版相比，第 2 版的修订工作主要在以下几个方面：

（1）章节组织。按照微型计算机的组成重新组织了教材的章节结构，删除冗余内容及实际应用中涉及较少的内容，增加了近年发展较快的技术内容。

（2）侧重原理性。根据课程性质和教学反馈信息，修订教材在技术原理性方面加大了说明力度，以期学生从根本上掌握所学技术。本课程不是实训课程，学生不但要掌握技术本身，还要达到举一反三、"示之鱼，授之渔"的目的。

（3）增加实例。从教学经验出发，为了加强对技术内容的理解和掌握，增加了实例演示。增加的实例力求与实验环节和实际科研项目相结合，以期学生能在实验平台下实际操作，加强学生对技术的兴趣和实践能力、动手能力。同时，修订的教材也尽量避免复杂内容的项目实例，避免学生因理解项目内容而转移对技术本身的注意力，也避免因讲述复杂项目背景而浪费宝贵的教学学时。

（4）补充习题。要想较好地掌握所学技术，就要做到"学而时习之"。多做习题，是一个很好的辅助学习手段。修订的教材补充了精炼的例题和习题，从教学角度看，对学生的学习大有益处。同时，我们也另有学习指导教材对本系列教材内容精化和习题解答，学习指导教材对课程教学是一个补充。

本书编写过程中，参考了有关的优秀教材、专著、应用成果，以及优秀的网络站点，恕不能一一列举。能够领略众多新颖的观点和技术，是原作者的无私贡献，是读者的集粹之想。本书编者在此向提供各种观点和技术的各位编著者表示最真诚的谢意。

虽然编者从事计算机应用教学工作多年，但技术更新，学海无涯，编者尽管尽心尽力，却也难免百密一疏，加之编者水平所限，书中错误和不当之处难免，恳请读者斧正。

编　者

2009 年 12 月于吉林大学

第 1 版前言

微型计算机原理、汇编语言程序设计及接口技术三部分内容是计算机科学与技术、通信工程、电气工程及其自动化等专业的核心课程。在以前的教学体系中，大部分院校将其分成三门课，即"微型计算机原理及应用"、"微型计算机接口技术"和"汇编语言程序设计"。随着集成电路技术的飞速发展，许多大型计算机甚至巨型计算机的成熟技术已逐步下移至微型计算机，促使微型计算机快速发展，随之带来两个问题：一是微型计算机的结构日趋复杂，这就使微型计算机原理、汇编语言程序设计及接口技术三部分内容彼此相关的程度更加密切、互相交融。二是新课程及新内容不断增加，每门课程的学时越来越少，使得旧的内容删不掉，新的内容又加不进来。于是出现了教学内容与实际严重脱节的现象，家用微型计算机早已使用奔腾（Pentium）微处理器，而课堂上仍在讲 Intel 8088/8086 微处理器。若仍将微型计算机原理、汇编语言程序设计及接口技术三部分内容分为三门课，势必造成在内容上时有冲突，有些内容学生不得不学两遍，甚至还要多，有时还会造成对某些问题或概念理解得不透彻。所以，改革目前微型计算机课程教学体系，把微型计算机原理、汇编语言及接口技术合为一体来讲授，势在必行。

本书将"微型计算机原理及应用"、"微型计算机接口技术"和"汇编语言程序设计"三门课程的内容有机地融为一体。《微型计算机原理与汇编语言程序设计》和《微型计算机原理与接口技术》两本书为同一门课程连续使用的教材。它是在将三门课程合为一门（即"微型计算机原理、汇编语言、接口技术"）的三次教学实践基础上进行修改整理而成的，实际上也是我们二十几年来从事这三门课程的教学总结。本书以 Pentium 的实模式与保护模式为主线，用 Pentium 实模式的实现技术来替代 Intel 8086 的内容（目前流行以 Intel 8086 为基础）；通过分析 Pentium 的保护模式，把当今微型计算机领域内具有代表性的新设计、新技术、新思想和新潮流展示给读者；列举了一定数量的 I/O 接口硬件及程序设计实例，有助于建立微型计算机系统的整机概念，加深对微型计算机工作过程的理解，使学生初步具有微型计算机系统软硬件开发的能力。

《微型计算机原理与汇编语言程序设计》共 8 章。第 1 章，主要讲述微处理器发展简况，分别介绍第 1～4 代微处理器 Intel 8008、Zilog 的 Z80、Intel 8086、Intel 80386 的基本编程结构和功能特征。第 2 章主要介绍 Pentium～PentiumIV 微处理器的编程结构及功能，讲述总线接口、预取缓冲部件、整数流水线、浮点流水线、Cache 部件、指令译码部件、控制部件、分段部件、分页部件、超流水线和超标量技术流水线结构、指令译码操作、寄存器重命名技术、乱序执行技术、退出流水线操作、饱和运算、积和运算能力、动态执行技术、Pentium 微处理器的引脚功能、Pentium 微处理器的基本时序（非流水线式读/写周期、突发式读/写总线周期、流水线式读/写总线周期）。第 3 章讲述在 16 位模式及 32 位模式的指令格式、寻址方式和指令系统。第 4 章讲述汇编语言程序格式、伪指令和汇编语言上机过程。第 5 章讲述双分支程序设计、多分支程序设计、循环程序设计的结构、循环程序设计方法和多重循环程序设计。第 6 章讲述子程序的结构、子程序的参数传递方法、子程序的嵌套与递归和子程序设计举例。第 7 章讲述宏汇编、重复汇编、条件汇编、模块化程序设计。第 8 章讲述半导体存储器的分类及性能指标、ROM 及 RAM 存储芯片、Pentium 的存储器接口、Pentium 的高速缓冲存储器（Cache）及二级 Cache 与一级 Cache 的关系等。

《微型计算机原理与接口技术》共 10 章。第 1 章主要讲述虚拟存储器、Pentium 分段存储管理和分页存储管理。第 2 章主要介绍为什么要用接口电路、I/O 接口的一般编程结构、CPU 与外设之间数据传送的控制方式（程序查询传送方式、程序中断方式、DMA 传送方式、I/O 处理机方式）、DMA 控制器 8237A 及其应用。第 3 章主要讲述中断的基本概念、中断接口电路、中断处理过程、Pentium 中断机制、实模式中断处理过程、保护模式中断操作和可编程中断控制器 8259A。第 4 章主要讲述总线的概念及分类、ISA 总线、PCI 总线。第 5 章讲述可编程并行输入输出接口芯片 8255A、8255A 各种工作方式的应用举例，以及可编程计数器/定时器 8253 及其在计数和实时测频系统中的应用举例。第 6 章讲述数字串行通信系统模型、RS-232-C 串行通信接口总线、通用串行总线 USB 简介、可编程串行通信接口芯片 8251A、串行通信系统实例。第 7 章主要讲述实时微型计算机控制系统的硬件结构、传感器、数模转换器及应用、模数转换器及应用、功率开关器件及接口。第 8 章讲述键盘的结构、键的识别（行扫描法、行反转法）、微型计算机与键盘的接口、BIOS 键盘中断及 DOS 键盘功能调用。第 9 章讲述 CRT 显示器的工作原理、黑白字符显示器的基本原理、CRT 控制器、IBM PC 系列机的显示系统（MDA 适配器、CGA 适配器/EGA、VGA 适配器）、对显示适配器的编程。第 10 章讲述数据磁记录的基本原理、硬磁盘存储器类型、硬磁盘上信息的分布、硬磁盘驱动器、硬磁盘控制器、硬磁盘接口、磁盘文件存取技术（DOS 文件代号式磁盘存取、BIOS 磁盘文件存取）。

在本书的写作过程中得到了张长海、胡成全教授的大力支持与帮助，在此表示感谢！

由于作者水平有限，书中难免有错误和不当之处，恳请读者和同行专家批评指正。

编　者

2003 年 11 月于吉林大学

目　　录

第1章 微处理器

1.1 概　述

计算机按体积、性能和价格分为巨型计算机、大型计算机、中型计算机、小型计算机和微型计算机。从基本组成和工作原理上，微型计算机与其他几类计算机一样，都由运算器、控制器、存储器、输入设备和输出设备构成。微型计算机中的运算器和控制器合起来称为中央处理单元（central processing unit，CPU），CPU集成在一块集成电路芯片上就是微处理器（microprocessor）。

如图1.1.1所示，微型计算机一般由微处理器、主存储器、输入输出（input/output，I/O）接口电路和系统总线构成。

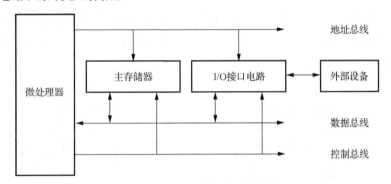

图1.1.1　微型计算机的基本结构

CPU的性能决定了整个微型计算机的各项关键指标。主存储器一般由随机存储器（random access memory，RAM）和只读存储器（read only memory，ROM）构成。I/O接口电路是外设和微型计算机之间传送信息的部件。总线结构是微型计算机的一个结构特点。微型计算机的系统总线主要包含三种不同功能的总线：数据总线（data bus，DB）、地址总线（address bus，AB）和控制总线（control bus，CB）。

数据总线上传送的可能是数据、指令代码、状态量或控制量。地址总线专门用来传送I/O接口和存储器的地址信息。地址总线的位数决定了CPU可以直接寻址的主存储器范围。控制总线用来传输控制信号。

微型计算机系统是由微型计算机、外部设备、外存储器、系统软件、电源、面板和机架等组成，其主要技术指标如下。

字长：字长是指计算机一次能处理二进制数的位数，通常与CPU的寄存器位数有关。

主频：主频是指计算机CPU的时钟频率。

主存储器容量：主存储器容量是指微型计算机主存储器所能存储的信息量，一般用二进制位（b）数或字节（B）数表示。

存储速度：存储速度是由存取时间和存取周期来表示的。存取时间又叫存储器的访问时间，它是指启动一次存储器操作（读或写）到完成该操作所需的全部时间。存取周期是指存储器进行连续两次独立的存储器操作（如连续两次读操作）所需的最小间隔时间。

运算速度：现在机器的运算速度普遍采用单位时间内执行指令的平均条数来衡量，并用 MIPS（million instruction per second）作为计量单位，即每秒执行百万条指令。

1.2 Intel 8086 微处理器

Intel 8086 微处理器（以下称为 8086）是 Intel 公司 1978 年推出的典型 16 位微处理器。Intel 公司于 1979 年推出了与 8086 内部结构一致的 8088 微处理器（以下称为 8088），它与 8086 唯一的区别是外部数据线为 8 位。

1.2.1 8086 的基本结构

图 1.2.1 是 8086 的基本结构图。从图中可以看出，8086 微处理器由两个既相互独立，又相互配合的部件组成，一个是执行单元（execution unit，EU），另一个是总线接口单元（bus interface unit，BIU）。

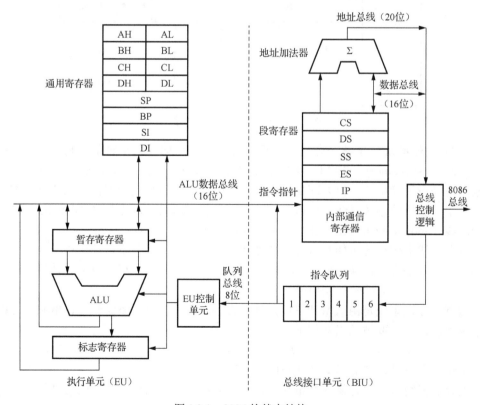

图 1.2.1　8086 的基本结构

1. 执行单元

EU 的组成：EU 由通用寄存器、标志寄存器、算术逻辑单元（arithmetic and logic unit，ALU）和 EU 控制系统等组成。

EU 的功能：EU 完成控制器与运算器的功能，它负责执行指令并对相应的硬件部分进行控制。EU 主要完成指令译码、执行指令、向 BIU 传送偏移地址信息、管理通用寄存器和标志寄存器等任务。

2. 总线接口单元

BIU 的组成：BIU 由段寄存器、指令指针、指令队列、地址加法器和总线控制逻辑组成。

BIU 的功能：BIU 主要负责微处理器内部与外部（存储器和 I/O 接口）的信息传递。BIU 主要负责取指令、形成物理地址、传送数据等任务。

3. 8086 的结构特点

在 8086 中，把运算器和控制器功能与总线操作功能进行了划分，并分别由 EU 和 BIU 两个独立的部件完成。由 EU 负责指令的执行，BIU 负责取指令和总线控制，使取指令和执行指令可以并行操作，在前一条指令执行期间，可以预取后续指令到指令队列中。采用预取指令的方法大大减少了等待取指令所需的时间，提高了微处理器的利用率和整个系统的执行速度。

1.2.2 8086 的编程结构

1. 8086 的存储器组织

1）8086 的存储器系统

8086 有 20 条地址线用于对存储器和接口寻址，按照字节单元进行编址，直接寻址能力为 2^{20} 字节，即 1M 字节，地址范围为 00000H～0FFFFFH。每个地址单元中都可存储 1 字节，每个存储单元对应一个 20 位二进制数（5 位十六进制数）的地址，这个直接通过地址线给出的地址称为主存储器单元的物理地址。

8086 的基本存储单元为字节单元，但支持对任意地址的字节数据、字（16 位二进制，两字节）数据的存取。字节可以存放在任意单元，这个单元地址即数据地址；字存放在任意连续的两个单元中，将字的低位字节放在低地址中（小端方式，little endian），低字节的地址为这个字数据的地址。其低位字节可以在奇数地址中存放，也可以在偶数地址中存放。在偶数地址中存放时，称数据是对齐的；在奇地址存放时，称数据是非对齐的。读/写对齐的字时只需一个总线周期，而读/写非对齐的字时需两个总线周期。

2）存储器的分段管理

编程结构上，8086 分段使用存储器，存储单元地址由段基地址和段内偏移地址两个部分构成，称为逻辑地址。一般表示为"段基地址:段内偏移地址"。

段及段基地址：从存储器物理地址 16 的倍数位置开始（此处为段的起始地址，段基地址，简称段基址），以最大 64K 字节为单位划分为一些连续的区域，称为段。由于段基址为 16 的倍数，低 4 位总是 0000B，所以段基址一般只用 16 位寄存器保存地址的高 16 位。这些存放当前使用的段的段基址的寄存器称为段寄存器。

在对存储器进行管理时，主存储器一般可分成 4 类逻辑段，分别称为代码段、数据段、堆栈段、附加段。代码段存放程序，数据段存放当前程序的数据，堆栈段定义了堆栈所在区域，附加段是扩展的数据段。

段内偏移地址：一个段最大 64K 个单元，一个存储单元在一个段中相对于段基址的位置可以用 16 位二进制表示，称为段内偏移地址（简称偏移地址、段内偏移）。

逻辑地址与物理地址的转换：8086 的 BIU 完成逻辑地址到物理地址的转换。CPU 通过指令的逻辑地址访问物理地址时，按照以下方式计算物理地址：

$$物理地址 = 段基址（段寄存器内容）\times 16（或 10H）+ 偏移地址$$

例 1.2.1 已知一个存储单元的逻辑地址为 1000:2000H，即段基址为 1000H，偏移地址为 2000H。则对应的物理地址为

$$物理地址 = 1000H \times 10H + 2000H = 12000H$$

2. 8086 的 I/O 组织

8086 I/O 地址寻址与存储器寻址共享数据总线，当 8086 的 M/$\overline{\text{IO}}$ 引脚为低时，表示地址线给出的是 I/O 端口地址。8086 使用低 16 位地址线（即地址 A15～A0）对 I/O 端口进行编址，最多可以有 65536 个 8 位的 I/O 端口，两个编号相邻的 8 位端口可以组合成一个 16 位端口。

3. 8086 的中断系统

8086 中断系统可以处理 256 种不同类型的中断，每个中断对应一个 8 位二进制数的中断类型码，通过中断类型码识别中断源及确定其服务程序入口的逻辑地址，即中断向量。显然，每个中断向量由中断服务程序入口地址的 16 位段基址和 16 位偏移地址构成，共 4 字节。存储器地址空间最低端（逻辑地址 0000:0000H～0000:03FFH、物理地址 00000H～003FFH）的 1K 字节区域作为中断向量表，结构如图 1.2.2 所示。中断向量表中最多可以容纳 256 个中断向量。按照中断类型码从小到大的顺序，从对应的中断向量 00000H 单元开始依次存放。一个中断向量占 4 个存储单元，低地址 2 个单元存放中断服务程序入口地址的偏移地址，高地址 2 个单元存放中断服务程序入口地址的段地址。

中断响应时，8086 通过中断源的类型码查中断向量表获得中断服务程序入口地址，进而转入中断服务程序。

例 1.2.2 某设备对应中断源类型码为 40H，中断服务程序入口为 3000:4000H。对中断向量表中相应单元的设置如下。

在 8086 为 CPU 的系统中，使用中断应当设置中断向量表。按照中断类型码结构，

类型码为 40H 的中断源，应当把其中断服务程序入口地址存入 0000H 段，偏移地址为 4×40H=0100H 的单元。0000:0100H 开始的 2 字节单元存入中断服务程序入口的偏移地址 4000H，0000:0102H 开始的 2 字节单元存入中断服务程序入口的段基址 3000H。

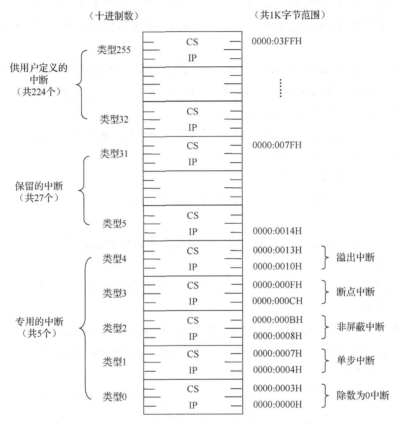

图 1.2.2　中断向量表

4. 内部寄存器

8086 CPU 有 14 个 16 位寄存器，分为 5 类，即通用寄存器组、段寄存器组、指示器和变址寄存器组、指令指示器、标志寄存器。

1）通用寄存器组

通用寄存器组也称为数据寄存器组，包含四个 16 位寄存器：累加器（accumulator，AX）、基址寄存器（base register，BX）、计数器（count register，CX）、数据寄存器（data register，DX）。

每个 16 位的通用寄存器可以分成两个 8 位寄存器，即可将每个通用寄存器的高 8 位和低 8 位作为独立的 8 位通用寄存器使用。16 位寄存器 AX、BX、CX 和 DX 的低 8 位构成的寄存器分别被命名为 AL、BL、CL 和 DL，高 8 位构成的寄存器分别被命名为 AH、BH、CH 和 DH。寄存器的名加圆括弧表示这个寄存器的内容。

例 1.2.3 当 AX 寄存器的内容(AX)=1234H 时，(AH)=12H、(AL)=34H；当(BH)= 56H、(BL)=78H 时，BX 寄存器的内容(BX)=5678H。

2）段寄存器组

段寄存器用于存放当前段的段基址，段寄存器组共有四个 16 位寄存器。

代码段寄存器（code segment，CS）：内容为当前的代码段基址，正在执行的指令代码存放在 CS 指示的段。

堆栈段寄存器（stack segment，SS）：内容为当前程序所使用的堆栈段基址。

数据段寄存器（data segment，DS）：内容为当前程序使用的数据段基址，一般情况下，程序中的变量存放在这个段中。

附加段寄存器（extra segment，ES）：内容为当前程序使用的附加段，附加段用来存放数据或存放处理后的数据结果。

3）指示器和变址寄存器组

堆栈指针（stack pointer，SP）：存放堆栈栈顶地址的偏移地址，对应的段为堆栈段 SS。

基址指针（base pointer，BP）：用于对堆栈段寻址时存放偏移地址，寻址时隐含的段为堆栈段 SS。

源变址寄存器（source pointer，SI）：存放源操作数的偏移地址，也可存放数据。寻址时隐含段为数据段 DS。

目标变址寄存器（destination index，DI）：存放目标操作数的偏移地址，也可存放数据。寻址时隐含段为数据段 DS，在字符串操作中隐含的段为附加段 ES。

4）指令指示器

8086 CPU 中的指令指示器（instruction pointer，IP）是一个 16 位的寄存器，IP 指向当前代码段中下一条要执行的指令代码的偏移地址，即 IP 和 CS 一起指出了下一条指令的实际地址。

例 1.2.4 如果当前(CS)=2000H、(IP)=0100H，则下面要执行的指令代码在主存储器中对应的逻辑地址为 2000:0100H，即 2000H 段中偏移为 0100H 处的存储单元。

5）标志寄存器

标志寄存器（flags，FL）定义了 9 个标志位。其中，6 个为状态标志位，3 个为控制标志位。

状态标志位如下。

进位标志（carry flag，CF）：运算结果最高位产生进位或产生借位，则 CF=1，否则 CF=0。

辅助进位标志（auxillary carry flag，AF）：如果低 4 位向高位有进位或借位，则 AF=1，否则 AF=0。

奇偶标志（parity flag，PF）：运算结果若低 8 位所含 1 的个数为偶数，则 PF=1，否则 PF=0。

全零标志（zero flag，ZF）：当运算结果为零时 ZF=1，否则 ZF=0。

符号标志（sign flag，SF）：当运算结果为负时 SF=1，否则 SF=0。

溢出标志（overflow flag，OF）：对于有符号数，当运算结果超出数据长度所能表示的数据范围时，OF=1，表示溢出，否则 OF=0，表示不溢出。

控制标志位如下。

方向标志（direction flag，DF）：串操作的地址变化方向控制标志，当 DF=0，地址递增，若 DF=1，则地址递减。

中断允许标志（interrupt enable flag，IF）：如果 IF=1，则允许微处理器响应可屏蔽中断，IF=0，则禁止可屏蔽中断。

陷阱标志（trap flag，TF）：如果 TF=1，按单步方式执行指令，执行一条指令就产生一次类型为 1 的内部中断（单步中断）。

1.2.3 8086 的组成模式及外部引脚

1. 8086 的两种组成模式

8086 有两种组成模式，一种是简单的结构，称为最小模式，一种是复杂的结构，称为最大模式。当组成小型的微型计算机时，适合使用最小模式；当组成较大的微型计算机系统时，适合使用最大模式。

当 8086 的 MN / MX 引脚接+5V，被设置为最小模式，接地则设置为最大模式。

2. 8086 的外部引脚

8086 外部采用 40 引脚双列直插式封装，引脚的名称及功能如表 1.2.1 所示。有些引脚在不同的模式下功能有所不同。

表 1.2.1　8086 引脚名称及功能

引脚名称	功能及说明
Vcc、GND	电源、接地
AD15～AD0	地址/数据复用输入输出，分时输出低 16 位地址和传输 16 位数据
A19/S6～A15/S3	地址/状态复用输出，分时输出地址的高 4 位/状态信息
NMI	非屏蔽中断请求信号输入
INTR	可屏蔽中断请求信号输入
$\overline{\text{RD}}$	读控制输出信号
CLK	时钟信号输入
Reset	复位信号输入。复位使标志寄存器、IP、DS、SS、ES 寄存器清零，CS 设置为 0FFFFH
READY	"就绪"状态信号输入
$\overline{\text{TEST}}$	测试信号输入

续表

引脚名称	功能及说明
MN/MX	最小/最大模式设置输入。接+5V，CPU 工作于最小模式；接地，CPU 工作于最大模式
$\overline{BHE}$ /S7	高 8 位数据允许/状态复用输出信号。$\overline{BHE}$ 的功能见表 1.2.2
$\overline{INTA}$ |QS1	在最小模式下为中断响应输出信号 $\overline{INTA}$，在最大模式下为 QS1
ALE|QS0	在最小模式下为地址锁存允许输出信号 ALE，在最大模式下为 QS0
$\overline{DNS}$ |S0	在最小模式下为数据允许输出信号 $\overline{DNS}$，在最大模式下为 S0
DT/$\overline{R}$ |S1	在最小模式下为数据收发控制输出信号 DT/$\overline{R}$，在最大模式下为 S1
M/$\overline{IO}$ |S2	在最小模式下为存储器/输入输出端口选择信号输出引脚（8088 为 IO/$\overline{M}$），在最大模式下为 S2
$\overline{WR}$ | $\overline{LOCK}$	在最小模式下为写控制输出信号 $\overline{WR}$，在最大模式下为总线封锁输出信号 $\overline{LOCK}$
HLDA| $\overline{RQ/GT_1}$	在最小模式下为总线保持响应输出信号 HLDA，在最大模式下为 $\overline{RQ/GT_1}$
HOLD| $\overline{RQ/GT_0}$	在最小模式下为总线保持请求输入信号 HOLD，在最大模式下为 $\overline{RQ/GT_0}$

表 1.2.2　$\overline{BHE}$ 和 A0 的代码组合和对应的操作

数据类型	$\overline{BHE}$	A0	操作	所用数据引脚
对齐字	0	0	从偶地址读/写 1 字	AD15～AD0
字节	0	1	从奇地址读/写 1 字节	AD15～AD8
字节	1	0	从偶地址读/写 1 字节	AD7～AD0
	1	1	无效编码，无操作	
非对齐字 （需 2 个总线周期）	0	1	第一个总线周期从奇地址读/写低 8 位数据	AD15～AD8
	1	0	第二个总线周期从偶地址读/写高 8 位数据	AD7～AD0

1.2.4　8086 最小模式的总线周期

总线周期：经外部总线进行信息的输入输出过程，称为总线周期或总线操作周期。总线读操作包括取指令、读存储器、读 I/O 接口，总线写操作包括写存储器、写 I/O 接口。还有一些特殊总线周期。

工作时序：指令译码以后按时间顺序产生的控制信号。为完成规定的目标，信号线传输信号的形式及功能随着时钟节拍变化。

时钟周期：时钟脉冲信号的一个循环时间叫一个时钟周期，又称为一个 T 状态，是微处理器工作的最小时间单位。

指令周期：执行一条指令所需要的时间。

中断响应周期：中断响应是 CPU 接受中断请求后的处理过程。在响应中断时，8086 在当前指令结束后，插入两个总线周期，发出中断应答及通过总线获取中断类型码。

8086 最小模式下，总线读周期的时序如图 1.2.3 所示，总线写周期的时序如图 1.2.4 所示。

8086 的总线周期至少由 4 个时钟周期组成。每个时钟称为 T 状态，用 T_1、T_2、T_3 和 T_4 表示。

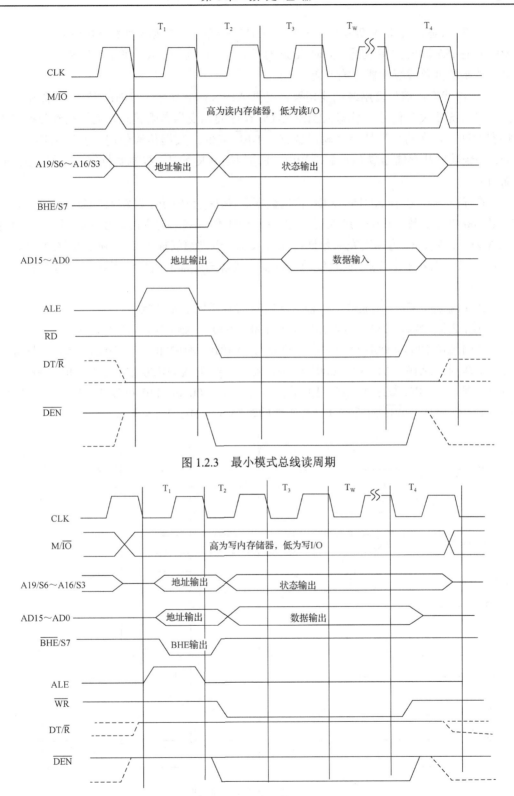

图 1.2.3　最小模式总线读周期

图 1.2.4　最小模式总线写周期

在 T_1 状态，引脚 A19/S6～A16/S3、AD15～AD0 分别送出地址 A19～A16、A15～A0，$\overline{\text{BHE}}$/S7 输出 $\overline{\text{BHE}}$ 信号，同时 ALE 有效。在读周期 DT/$\overline{\text{R}}$ 变低，在写周期 DT/$\overline{\text{R}}$ 变高，控制数据总线缓冲器传输方向。

在 T_2 状态，信号复用线功能切换，引脚 A19/S6～A16/S3、$\overline{\text{BHE}}$/S7 分别输出 S6～S3、S7（无定义）信号。引脚 AD15～AD0 在读周期变为高阻状态，为切换到数据输入状态做准备，在写周期切换为输出数据。$\overline{\text{DEN}}$ 变低，数据传输使能。在读周期 $\overline{\text{RD}}$ 变低，控制数据从存储器或 I/O 端口读出，在写周期 $\overline{\text{WR}}$ 变低，控制数据写入存储器或 I/O 端口。

在 T_3 状态，引脚 AD15～AD0 传输数据。在 T_3 后沿 CPU 检测 READY 引脚状态，如果为高则完成数据传输，进入到 T_4 状态，否则插入等待周期 T_W，在 T_W 后沿再次检测 READY 引脚状态，为高则完成数据传输进入 T_4，否则继续插入 T_W。利用 READY 信号，CPU 可以插入若干个 T_W，使总线周期延长，实现与外部的同步，保证可靠读/写存储器和 I/O 端口。

在 T_4 状态，CPU 完成数据传输，使所有信号线处于无效状态。

例 1.2.5　数据 1234H 写入存储单元 1000:2000H 的操作时序过程如下。

逻辑地址 1000:2000H 对应的物理地址为 1000H×10H+2000H=12000H，因此，地址信号为 12000H（A19～A16 对应 0001B=1H，A15～A0 对应 0010000000000000B=2000H）。写的数据为 1234H，数据线 D15～D0 的信号对应 0001001000110100B=1234H。写存储器，所以 M/$\overline{\text{IO}}$ 为高、$\overline{\text{WR}}$ 为低。这个写周期的时序过程如图 1.2.5 所示。

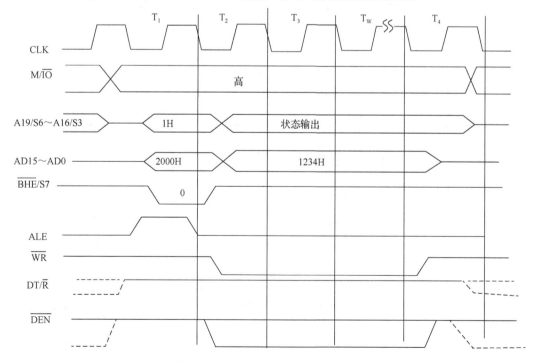

图 1.2.5　最小模式总线写周期例

1.3　Pentium 微处理器

Pentium 微处理器(以下称为 Pentium)是 Intel 公司于 1993 年 3 月推出的第五代 80x86 系列微处理器，简称 P5 或 80586，中文译名为"奔腾"。

1.3.1　Pentium 的基本结构

如图 1.3.1 所示，Pentium 内部主要由总线接口部件（总线单元）、预取缓冲部件（预取缓冲器）、整数流水线（U 流水线、V 流水线）、浮点流水线（浮点单元）、Cache 部件（代码高速缓存器、数据高速缓存器）、指令译码与控制 ROM 部件（指令译码器、控制 ROM）、控制部件（控制单元）、分段部件（地址生成器）、分页部件（分页单元）、分支目标缓冲器、整数及浮点数寄存器组（整数寄存器组、浮点单元寄存器组）等功能部件组成。

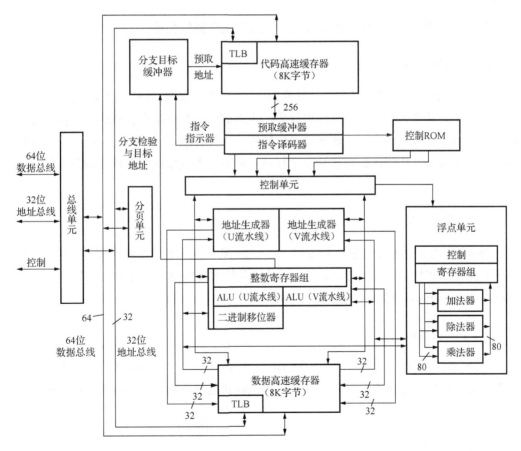

图 1.3.1　Pentium 的基本结构

1. 总线接口部件

总线接口部件内包括全部总线控制信号、独立的 32 位地址总线和独立的 64 位数据总线。总线接口部件与片内 Cache 外部总线接口实行的是逻辑接口连接。总线接口部件包括以下功能。

地址收发器和驱动器：驱动地址总线上的 A31～A3 地址信号，地址信号相对应的字节允许信号 $\overline{BE7}$ ～ $\overline{BE0}$ 。

总线宽度控制：由接口部件外部逻辑的 2 个输入端来说明所使用的数据总线的宽度。

写缓冲：暂时存放要写到主存储器中的 4 个 32 位的数据。

总线周期和总线控制：总线接口部件对总线周期的广泛选择和控制功能都给予支持。

数据总线收发器：控制数据信号 D63～D0 在数据总线上的双向传输。

奇偶校验的生成和控制：支持对逐字节数据奇偶校验、地址奇偶校验、内部奇偶校验。

Cache 控制：对 Cache 操作的控制和一致性操作提供支持。

2. 预取缓冲部件

Pentium 的预取缓冲部件有两个独立的 32 字节的预取缓存器，它们与分支目标缓存器协同工作。其中一个一直顺序预取代码，当遇到一个分支指令代码时，分支目标预测逻辑会预测是继续顺序执行，还是会发生转移。如果预测不发生转移，则继续由这个缓存器顺序预取指令代码；如果预测发生转移，则另一个预取缓存器启动按照转移目标地址预取指令代码。

3. 整数流水线

Pentium 内部有两条指令流水线（U 流水线、V 流水线）以及浮点部件，都可以独立地进行操作。支持超标量执行，以及 U、V 两条流水线的预取（PF）、译码（D1）、寻址（D2）、执行（EX）、写回（WB）流水操作。

4. 浮点流水线

Pentium 的浮点流水线主要由控制部件、寄存器组、浮点加法器、浮点乘法器、浮点除法器等组成。它每个时钟周期最多可以接收两条浮点指令，接收两条指令时，后一条必须是交换指令。

5. Cache 部件

Pentium 片内有两个 8K 字节的 Cache，一个是指令 Cache，一个是数据 Cache。在每一个 Cache 内，都装备有一个专用的 TLB（转换旁视缓冲器），用来快速将线性地址转换成物理地址。

6. 指令译码与控制 ROM 部件

Pentium 的指令译码器对由预取部件提供的指令流进行译码。Pentium 采用的是两条流水线译码方案。这个指令译码器还提供了许多硬连线的微指令，在把第一个微代码行从控制 ROM 读出来之前，用这些微指令启动并控制相应操作。

7. 控制部件

Pentium 控制部件的作用是负责解释来自指令译码部件的指令字和控制 ROM 的微代码。控制部件的输出控制整数流水线和浮点流水线的操作。

8. 分段部件

Pentium 的分段部件是片内整个存储管理功能的一个组成部分。分段部件的功能是将由程序提供的逻辑地址（被分段的地址）转换成一种不分段的线性地址。

9. 分页部件

Pentium 的分页部件采用的是二级分页管理机制。分页部件使用保存在存储器中的名为页表的数据结构将线性地址转换成物理地址。

10. 分支目标缓冲器

分支目标缓存器（branch target buffer，BTB）用于预测指令执行时是否发生分支转移。当某地址的指令是程序控制类指令时，BTB 存储这个地址和分支转移目标地址以及以往是否发生转移等信息，用这些信息预测程序实际会执行的路径，以便正确预取要执行的指令代码，减少由分支转移引起的流水线卡顿。

11. 整数及浮点数寄存器组

除了能够完成定点运算的运算部件外，Pentium 还集成了浮点处理部件（floating processing unit，FPU），浮点处理部件设有支持浮点运算的 8 个数值寄存器、1 个标记字、1 个控制寄存器、1 个状态寄存器、1 个指令指针、1 个数据指针以及 5 个错误指针寄存器。

1.3.2 Pentium 的编程结构

Pentium 的寄存器组主要包括如下几类寄存器：基本结构寄存器、系统级寄存器、调试寄存器、模型专用寄存器和浮点寄存器。

1. 基本结构寄存器

Pentium 有 16 个基本结构寄存器。这 16 个寄存器按其用途可分为通用寄存器、专用寄存器和段寄存器 3 种。

通用寄存器包括 8 个 32 位寄存器：累加器 EAX、基址寄存器 EBX、计数寄存器 ECX、数据寄存器 EDX、堆栈指针 ESP、基址指针 EBP、源变址寄存器 ESI 以及目的变址寄存器 EDI。

EAX、EBX、ECX、EDX、EBP、ESP、ESI 和 EDI 既可保存算术和逻辑运算中的操作数，也可保存地址（ESP 寄存器不能用作变址寄存器）。这些通用寄存器的低 16 位可按 8086 的通用寄存器 AX、BX、CX、DX、BP、SP、SI 和 DI 的名字访问。AX、BX、CX、DX 的高字节部分命名为 AH、BH、CH、DH，低字节部分命名为 AL、BL、CL、DL，它们是可以独立使用的 8 位寄存器。

专用寄存器有指令指针指示器和标志寄存器。

指令指针 EIP 是 32 位寄存器，其内容是下一条要取入 CPU 的指令代码在当前代码段中的偏移地址。它的低 16 位称为 IP，与 8086 兼容。

标志寄存器 EFLAGS 是 32 位寄存器，存放标志位，这些标志位为 3 类：状态标志、控制标志和系统标志。标志寄存器 EFLAGS 的低 16 位与 8086 的标志寄存器同名、同作用，高 16 位的标志如下。

NT：嵌套任务标志。

IOPL：输入输出特权级标志。

RF：恢复标志。

VM：虚拟 8086 方式标志。

AC：对齐检查标志。

VIF：虚拟中断标志。

VIP：虚拟中断挂起标志。

ID：标识标志。

Pentium 有 6 个段寄存器。每个段寄存器有两部分，一部分是编程可见的 16 位段选择符，另一部分是编程不可见的 64 位的描述符。编程时，可以通过寄存器名 CS（代码段寄存器）、DS（数据段寄存器）、ES（附加段寄存器）、SS（堆栈段寄存器）、FS（附加段寄存器）和 GS（附加段寄存器）直接访问段寄存器的可见部分。

2. 系统级寄存器

系统级寄存器包括 4 个系统地址寄存器和 5 个控制寄存器。

系统地址寄存器包括全局描述符表寄存器 GDTR、中断描述符表寄存器 IDTR、局部描述符表寄存器 LDTR、任务寄存器 TR。

　　GDTR 是 48 位的寄存器，用来保存全局描述符表 GDT 的 32 位线性基地址和 16 位的段界限。

　　IDTR 是 48 位寄存器，用来保存中断描述符表 IDT 的 32 位线性基地址和 16 位的 IDT 的段界限。

　　LDTR 保存着局部描述符表 32 位的线性基地址、32 位的段界限、描述符属性以及 16 位的局部描述符表 LDT 的段选择符。

　　TR 内保存着当前正在执行任务状态段的 16 位段选择符、32 位的线性基地址、32 位的段界限以及描述符属性。

　　控制寄存器包括 CR0、CR1、CR2、CR3、CR4。

　　CR0 保存着系统的控制标志，用来控制处理机的操作方式，或者用来表示处理机的状态，而不是用来控制各项任务的执行方式或状态。应用程序也不应该试图改变被保留各位位置。

　　CR1 在 Pentium 中未用。

　　CR2 保存发生页故障中断（异常 14）之前所访问的最后一个页面的线性页地址。

　　CR3 是页目录基地址寄存器，用来存放页目录表的物理基地址。

　　CR4 是 Pentium 以上微处理器中新增加的控制寄存器，其内共设置了 8 个控制位，CR4 用来扩展 Pentium 的某些体系结构。

　　3. 调试寄存器

　　Pentium 有 8 个 32 位调试寄存器 DR0～DR7，它对程序的调试提供了硬件上的支持。其中 DR0～DR3 用作线性断点地址寄存器，用于设置数据存取断点和代码执行断点，可保存 4 个断点地址。DR4 和 DR5 为 Intel 公司保留的寄存器。DR6 是调试状态寄存器，它主要用于指明断点的当前状态。DR7 是调试控制寄存器，用来设置控制标志，这些标志给出断点、条件、断点地址有效范围以及是否进入异常中断等状态。

　　4. 模型专用寄存器

　　Pentium 的模型专用寄存器（model special register，MSR）是用于测试的一组寄存器，这一组 MSR 用于执行跟踪、性能监测、测试和机器检查错误。Pentium 处理器采用两条指令 RDMSR（读 MSR）和 WRMSR（写 MSR）来访问这些寄存器，ECX 中的值（8 位值）确定将访问该组寄存器中哪一个 MSR。

　　5. 浮点寄存器

　　Pentium 内部集成了浮点处理部件，其中包括 8 个数值寄存器、1 个标记字、1 个控制寄存器、1 个状态寄存器、1 个指令指针、1 个数据指针以及 5 个错误指针寄存器，用于支持浮点运算。

　　Pentium 复位后寄存器的值如表 1.3.1 所示。

表 1.3.1　复位后寄存器的值

序号	寄存器	Reset 复位值	Reset+BIST 值
1	EAX	0	0（如果测试成功）
2	EDX	0500XXXH	0500XXXH
3	EBX、ECX、ESP、EBP、ESI、EDI	0	0
4	EFLAGS	2	2
5	EIP	0000FFF0H	0000FFF0H
6	CS	F000H	F000H
7	DS、ES、FS、GS、SS	0	0
8	GDTR、TR	0	0
9	CR0	60000010H	60000010H
10	CR2、CR3、CR4	0	0
11	DR0-DR3	0	0
12	DR6	FFFF0FF0H	FFFF0FF0H
13	DR7	00000400H	00000400H

注：表中 BIST 为复位期间 Pentium 运行存储器自检功能。

1.3.3　Pentium 的外部引脚

Pentium 的外部引脚及功能如表 1.3.2 所示。

表 1.3.2　Pentium 的外部引脚及功能

引脚名称	引脚功能与说明
A31～A3	地址总线
$\overline{\text{A20M}}$	地址 A20 屏蔽输入
D63～D0	数据总线
$\overline{\text{ADS}}$	地址数据选通输出信号
AHOLD	地址保持输入信号
AP	地址校验输出/输入信号
$\overline{\text{APCHK}}$	地址校验检查输出信号
$\overline{\text{BE7}} \sim \overline{\text{BE0}}$	字节允许输出信号。这些信号在微处理器内由地址 A0、A1 和 A2 产生
$\overline{\text{BOFF}}$	总线释放输入信号
BP3～BP2	断点输出信号。当调试寄存器被编程来监测匹配时，用来指示断点匹配
PM0 / BP0、PM1 / BP1、BP2、BP3	性能监控 / 断点输出信号

续表

引脚名称	引脚功能与说明
$\overline{\text{BRDY}}$	猝发就绪输入信号。此信号可用于向 Pentium 时序中插入等待状态
BREQ	总线请求输出信号。指示 Pentium 内部已产生了一个总线请求
BT3～BT0	分支跟踪输出信号。提供分支目标的线性地址的 2～0 位，并在 BT3 上提供默认操作数长度
$\overline{\text{BUSCHK}}$	总线检查输入信号。允许系统向 Pentium 发送信号告知总线传送失败
$\overline{\text{CACHE}}$	输出。在读时，指示当前周期支持 Cache 方式读入；在写时，指示当前周期是突发式写回周期
CLK	时钟输入引脚
D/$\overline{\text{C}}$	数据／控制输出信号
DP7～DP0	数据奇偶校验信号，双向。每一位依次对应数据线上 1 字节的偶校验
$\overline{\text{EADS}}$	外部地址有效输入信号。在查询周期，指示地址总线有一个由外部驱动给 Pentium 的地址
$\overline{\text{EWBE}}$	外部写缓冲器空输入信号。当为高（无效），说明写周期在外部系统挂起
$\overline{\text{FERR}}$	浮点错输出信号。用来指示内部协处理器出现错误
$\overline{\text{FLUSH}}$	清 Cache 输入信号。使 Pentium 写回数据 Cache 中修改过的行，并使其置于无效状态
FRCMC	功能冗余检查输入信号。1 表示设置 Pentium 为主控制器模式，0 表示设置 Pentium 为检查器模式
$\overline{\text{HIT}}$	查询命中输出信号。在查询周期，向外部表明内部 Cache 有正查找的行
$\overline{\text{HITM}}$	查询命中修改行输出信号。表明在查询周期中发现了一个修改过的 Cache 行
HOLD	总线请求输入信号。请求 Pentium 停止总线驱动
HLDA	总线请求响应输出信号。指示 Pentium 让出总线控制，输出引脚已经处于悬空状态
IBT	指令分支输出信号。表示 Pentium 发生了一个指令分支
$\overline{\text{IERR}}$	内部错输出信号。表明 Pentium 已检测到一个内部的奇偶校验错或功能性冗余错
$\overline{\text{IGNNE}}$	忽略数值错输入信号。使 Pentium 忽略协处理器错误
INIT	初始化输入信号。其功能与 RESET 信号类似，用于初始化 CPU
INTR	可屏蔽中断请求输入信号。输入外部中断请求信号
INV	Cache 行状态输入信号。给出查询周期命中的 Cache 行设置的状态
IU	U 流水线指令完成输出信号。表明 U 流水线完成了一条指令
IV	V 流水线指令完成输出信号。表明 V 流水线完成了一条指令
$\overline{\text{KEN}}$	Cache 允许输入信号。指示外部是否允许高速缓存操作
$\overline{\text{LOCK}}$	总线锁定输出信号。指示现行总线周期不能被打断
M/$\overline{\text{IO}}$	存储器／输入输出端口地址指示输出信号。1 表示地址线为存储器地址，0 表示地址线为端口地址
$\overline{\text{NA}}$	下一地址允许输入信号。在流水式总线周期，指示外部存储器已经准备好接受下一个总线周期
NMI	非屏蔽中断输入信号。请求一个非屏蔽中断，与 8086 微处理器相同
PCD	页缓存禁止输出信号。反映了 CR3 的 PCD 位的状态，有效时表示内部的页缓存被禁止
$\overline{\text{PCHK}}$	奇偶校验检查输出信号。该信号表明从存储器或 I／O 读数据时奇偶校验检查结果
$\overline{\text{PEN}}$	奇偶校验异常允许输入信号。当其有效，且 CR4 的 MCE 有效，出现奇偶校验错时触发异常处理
PRDY	探针状态指示输出信号

续表

引脚名称	引脚功能与说明
PWT	页写直达输出信号。反映了 CR3 的 PWT 位状态
R / $\overline{\text{S}}$	进入或退出探针方式输入信号
SCYC	分割周期输出信号。指示锁定了两个以上的总线周期
$\overline{\text{SMI}}$	系统管理中断输入信号。使 Pentium 进入系统管理运行模式
$\overline{\text{SMIACT}}$	系统管理激活输出信号。指示 Pentium 正工作在系统管理模式
TCK	测试时钟输入信号
TDI	测试数据输入信号。用来输入测试 Pentium 的数据
TDO	测试数据输出信号。用来输出 Pentium 的测试结果数据
RESET	硬件复位信号。硬件复位后，Pentium 寄存器的值见表 1.3.1
TMS	测试方式选择输入信号。在测试模式中控制 Pentium 操作
$\overline{\text{TRST}}$	测试复位输入信号。使测试模式被复位
W / $\overline{\text{R}}$	写 / 读输出信号。为高时，表示当前总线周期为写操作，为低时，总线周期为读操作
WB / $\overline{\text{WT}}$	写回 / 写直达输入信号。控制 Pentium 数据 Cache 修改后写回主存储器的操作模式

1.3.4　Pentium 的总线周期

Pentium 支持多种数据传送总线周期，表 1.3.3 中列出了各种总线周期对应的控制信号状态和完成的功能。

表 1.3.3　Pentium 的总线周期

M/$\overline{\text{IO}}$	D/$\overline{\text{C}}$	W/$\overline{\text{R}}$	$\overline{\text{CACHE}}$	$\overline{\text{KEN}}$	总线周期	传送次数
0	0	0	1	×	中断响应周期（两个锁定周期）	每周期传 1 次
0	0	1	1	×	特殊总线周期	1
0	1	0	1	×	I/O 读，小于等于 32 位，非缓冲	1
0	1	1	1	×	I/O 写，小于等于 32 位，非缓冲	1
1	0	0	1	×	代码读，64 位，非缓冲	1
1	0	0	×	1	代码读，64 位，非缓冲	1
1	0	0	0	0	代码读，256 位，猝发式数据行填充	4
1	0	1	×	×	保留	
1	1	0	1	×	存储器读，小于等于 64 位，非缓冲	1
1	1	0	×	1	存储器读，小于等于 64 位，非缓冲	1
1	1	0	0	0	存储器读，256 位，猝发式数据行填充	4
1	1	1	1	×	存储器写，小于等于 64 位，非缓冲	1
1	1	1	0	×	256 位，猝发式写回	4

注：表中×表示在本周期中这个信号无定义。

Pentium 支持非流水线式读/写周期、猝发式读/写总线周期和流水线式读/写总线周期。

非流水线式读/写周期：单数据传送读/写操作最少要占用两个时钟周期。

猝发式读/写总线周期：Pentium 只有三类猝发式总线周期，称为代码读猝发式行填充、数据读行填充及猝发式写回。每种总线周期分别代表一种高速缓存的数据修改方式。猝发式读/写总线周期传送 256 位数据。在猝发式读/写操作中，第一个 64 位数据的操作占用两个时钟周期，而后续三个数据每个只占用一个时钟周期。

流水线式读/写总线周期：Pentium 单数据传送总线周期和猝发式读/写总线周期均可以是流水线式的。流水线方式是总线周期在时间上的重叠。

1.3.5　Pentium 的操作模式

Pentium 有两种操作模式：实地址模式（简称实模式）、保护虚拟地址模式（简称保护模式或保护方式）。

在实模式下，Pentium 与 8086 兼容，具有与 8086 同样的基本体系结构。

实模式下的存储空间为 1M 字节单元。在实模式下分页功能是不允许的，所以线性地址就是物理地址。逻辑地址的表示以及逻辑地址到物理地址的转换与 8086 一样。

在实模式下，地址 00000H～003FFH 是中断向量区，地址 0FFFF0H～0FFFFFH 为系统初始化区。

Pentium 工作在保护虚拟地址模式时，逻辑地址由段选择符和偏移地址两部分组成，段选择符存放在段寄存器可见部分，段基址在段寄存器不可见部分（描述符）中。保护模式下，段基址和偏移地址都是 32 位，两者直接相加得到线性地址，再经过分页得到物理地址。

Pentium 允许在实模式和保护模式下的虚拟 8086 方式执行 8086 的应用程序。有了虚拟 8086 方式，Pentium 可以同时执行 16 位的 8086 操作系统和 8086 应用程序以及 32 位的 Pentium 操作系统和 Pentium 应用程序。

习　　题

1.1　微处理器、微型计算机、微型计算机系统的区别是什么？

1.2　微型计算机由哪些基本部分构成？

1.3　微型计算机结构上有哪些特点？

1.4　查找 2～3 款最新上市的微处理器，比较其性能。

1.5　8086 CPU 由哪两大部分组成？简述它们的主要功能。

1.6　8086 CPU 有哪些类型的寄存器？

1.7　8086 CPU 段寄存器的作用是什么？

1.8　8086 CPU 的通用寄存器中，8 位寄存器与对应 16 位寄存器有什么关系？如果 AX=89ABH，AH、AL 的内容各是多少？

1.9　8086 CPU 标志寄存器各个位的作用是什么？

1.10　8086 CPU 指令指针的作用是什么？如果 CS 内容为 2000H，IP 内容为 0200H，下一条执行的指令码存放的对应物理地址是多少？

1.11　8086 CPU 怎么区分主存储器地址空间和 I/O 地址空间？

1.12　什么是总线复用？在 8086 系统总线结构中，为什么要有地址锁存器？

1.13　复位信号的作用是什么？为保证正确复位，复位信号应满足哪些要求？

1.14　什么是物理地址、逻辑地址？8086 中逻辑地址 2000:2345H 对应的物理地址是多少？

1.15　8086 CPU 怎么实现对存储器任意地址的字节数据和字数据访问？

1.16　8086 CPU 最大模式、最小模式有什么区别？为什么设置不同的模式？

1.17　什么是时钟周期、总线周期、指令周期？它们有什么关系？

1.18　8086 CPU 一个总线周期包括哪些时钟状态？什么时候插入等待时钟 T_W？

1.19　什么是中断向量表？8086 系统中中断向量表的作用是什么？类型码位 38H 的中断，其服务程序入口地址（中断向量）应存到中断向量表什么位置？

1.20　Pentium 主要由哪些部分构成？简要说明各部分的功能。

1.21　Pentium 的寄存器组包括哪些类型的寄存器？简要说明基本结构寄存器、系统级寄存器的用途。

1.22　说明寄存器 EAX、AX、AH、AL 之间的关系。

1.23　IP / EIP 寄存器的用途是什么？

1.24　说明 Pentium 标志寄存器的标志位 NT、IOPL 的作用。

1.25　Pentium 段寄存器由哪几部分构成？与 8086 段寄存器有什么区别？

1.26　Pentium 有哪几个系统地址寄存器？为什么设置这些寄存器？

1.27　说明 Pentium 引脚 $\overline{ADS}$、$\overline{BRDY}$、$\overline{BE7} \sim \overline{BE0}$、$\overline{CACHE}$、$\overline{KEN}$、$\overline{NA}$ 的作用。

1.28　说明 Pentium 有哪些类型的总线周期。

1.29　说明 Pentium 实模式的特点。8086 的工作模式、Pentium 实模式、Pentium 虚拟 8086 模式之间有什么异同？

第 2 章　微型计算机的存储器

微型计算机系统的存储器系统采用层次结构。从物理结构连接关系上，与 CPU 由近及远依次为内部 Cache、外部 Cache、主存储器（简称主存、内存）和辅助存储器（外部存储器，简称辅存、外存），依次容量变大，速度变低、价格变低。用户编程逻辑直接访问的是主存储器地址空间，因此，微型计算机系统中存储器可分为主存储器和辅助存储器两大类。为了给用户提供更好的编程环境，高级的微型计算机系统支持虚拟存储器技术。

存储器的存储容量是指能存放二进制代码的总数，即存储容量=存储单元个数×每单元二进制位数，单位一般用二进制位（b）或字节（B）表示，也经常使用千字节（1K字节=1024 字节）、兆字节（1M 字节=1024K 字节）、千兆字节（1G 字节=1024M 字节）这样的单位。

2.1　主 存 储 器

主存储器主要由半导体存储器组成，根据数据的存取方式可分为随机存储器（RAM）和只读存储器（ROM）。

2.1.1　主存储器基础器件

1. 随机存储器

随机存储器一般分为静态随机存储器（static random access memory，SRAM）和动态随机存储器（dynamic random access memory，DRAM）两种。

SRAM 是用触发器存储信息，因不需考虑刷新问题，在使用时支持的软硬件相对简单。

Intel 62 系列存储器是典型的 SRAM 电路。Intel 6264 为一款典型的 8K×8 位的 SRAM 存储器芯片，图 2.1.1 为其外部引脚。表 2.1.1 为其读/写控制逻辑。

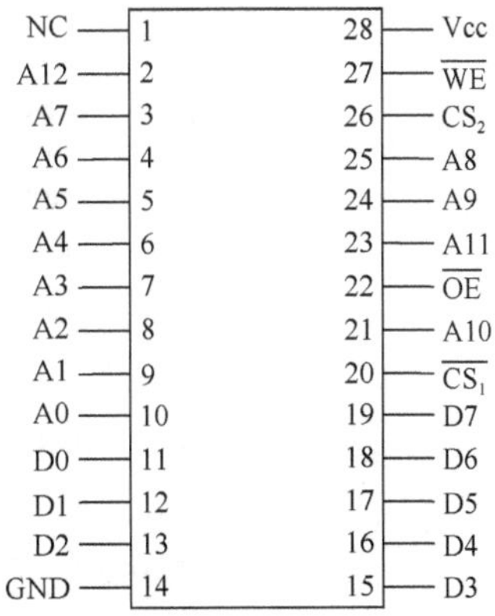

图 2.1.1　Intel 6264 外部引脚

表 2.1.1 Intel 6264 读/写控制逻辑

$\overline{\text{WE}}$	$\overline{\text{CS}_1}$	CS_2	$\overline{\text{OE}}$	D7～D0
0	0	1	×	写入
1	0	1	0	读出
×	0	0	×	三态（高阻）
×	1	1	×	
×	1	0	×	

Intel 6264 共有 28 个引脚。

（1）A12～A0 为 13 根地址信号线。13 根地址线上的信号经过芯片内部译码，可以选中 8K 个存储单元。

（2）D7～D0 为 8 根数据线，6264 芯片的每个存储单元可存储 8 位二进制数。通常数据线的根数决定了芯片上一次读/写的二进制位数。

（3）$\overline{\text{CS}_1}$、CS_2 为两根片选信号线，$\overline{\text{CS}_1}$ 低电平有效，CS_2 高电平有效。

（4）$\overline{\text{OE}}$ 为输出允许信号，低电平有效，CPU 从芯片中读出数据。

（5）$\overline{\text{WE}}$ 为写允许信号，低电平有效，允许数据写入芯片。

（6）其他引脚：Vcc 为+5V 电源端，GND 是接地端，NC 表示空端。

DRAM 是利用电容存储电荷的原理来保存信息的，由于电容会逐渐放电，所以要进行刷新，必须采用定时刷新的方法，规定在一定的时间内，对动态 RAM 的全部基本单元电路必做一次刷新，这个时间叫作刷新周期。在刷新周期内，由专用的刷新电路对所有各行的基本单元电路全部刷新一次。

Intel 21 系列存储器是典型的 DRAM 电路。其中，Intel 2164 是 64K×1 位的 DRAM 芯片，其基本特征是：存取时间为 150ns / 200ns（分别以 2164A－15、2164A－20 为标志）；每 2ms 需刷新一遍，每次刷新 512 个存储单元，2ms 内需有 128 个刷新周期。Intel 2164 是 16 脚封装，如图 2.1.2 所示。

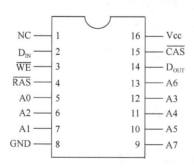

图 2.1.2 Intel 2164 的引脚图

由于该芯片容量为 64K×1 位，即片内共有 64K（65536）个地址单元，每个地址单元存一位数据。片内要寻址 64K，则需要 16 条地址线，为了减少封装引脚，地址线分为行地址与列地址两部分。芯片的地址引脚只有 8 条 A7～A0，片内有地址锁存器，可利用外接多路开关，由行地址选通信号 $\overline{RAS}$ 将先送入的 8 位行地址送到片内行地址锁存器，然后由列地址选通信号 $\overline{CAS}$ 将后送入的 8 位列地址送到片内列地址锁存器。数据的输入和输出是分开的，由 $\overline{WE}$ 信号控制读/写。当 $\overline{WE}$ 为高时，实现读出，选中单元的内容经过输出缓冲器（三态缓冲器）在 D_{OUT} 引脚上读出。当 $\overline{WE}$ 有效（低电平）时，实现写入，D_{IN} 引脚上的信号经过输入缓冲器（三态缓冲器）对选中单元进行写入。Intel 2164A 只有一个控制信号端 $\overline{WE}$，而没有另外的选片信号 $\overline{CS}$。

Intel 2164 的内部 64K 存储体由 4 个 128×128 的存储矩阵构成。刷新时，在送入 7 位行地址的同时选中 4 个存储矩阵的同一行，即对 4×128=512 个存储单元进行刷新。

2. 只读存储器

只读存储器可分为掩膜只读存储器（mask read only memory，MROM）、可编程只读存储器（programmable read-only memory，PROM）、可改写只读存储器（erasable programmable read only memory，EPROM）、电擦除只读存储器（electrically erasable programmable read only memory，EEPROM）、快速擦写存储器 Flash Memory（简称 Flash）。

MROM 是指在 ROM 的制作阶段，通过掩膜工序将信息做到芯片里，之后内容不能再被修改。

PROM 是一次可编程的只读存储器。这种 PROM 只能实现一次编程，不得再修改。

EPROM 是指可由用户进行编程，并可用紫外光擦除的 ROM 芯片。因为它既能长期保存信息，又可多次擦除和重新编程。

Intel 27 系列存储器是典型 EPROM 电路。图 2.1.3 是其中一款 8K×8 位的芯片——Intel 2764，它有 13 根地址线 A12～A0、8 根数据线 D7～D0、电源 Vcc 和编程电源 Vpp 并有一个编程控制端 $\overline{PGM}$。编程时，$\overline{PGM}$ 引脚需加 50ms 宽的负脉冲；正常读出时，该引脚应无效。另外，它还有一个片选端 $\overline{CE}$ 和一个输出允许控制端 $\overline{OE}$。

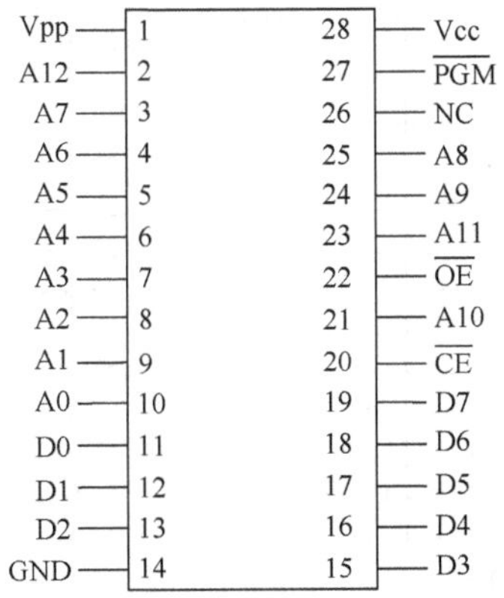

Vpp	1	28	Vcc
A12	2	27	$\overline{PGM}$
A7	3	26	NC
A6	4	25	A8
A5	5	24	A9
A4	6	23	A11
A3	7	22	$\overline{OE}$
A2	8	21	A10
A1	9	20	$\overline{CE}$
A0	10	19	D7
D0	11	18	D6
D1	12	17	D5
D2	13	16	D4
GND	14	15	D3

图 2.1.3　Intel 2764 引脚图

Intel 2764 有 8 种工作方式。前 4 种要求 Vpp 接+5V 电源，为正常工作状态；后 4 种要求 Vpp 接+25V 电源，为编程状态。其工作方式如下。

（1）读出方式：当 $\overline{CE}$ 和 $\overline{OE}$ 均有效时，读出指定存储单元中的内容。

（2）读出禁止方式：当 $\overline{OE}$ 无效时，禁止芯片输出，即输出呈高阻状态。

（3）待用方式：当面 $\overline{CE}$ 为 1 时，芯片未被选中，此时，功耗将从 525mW 下降到 132mW。

（4）读 Intel 标识符方式：当 Vcc 和 Vpp 接+5V、$\overline{PGM}$ 接+12V、$\overline{CE}$ 和 $\overline{OE}$ 均为有效时，可从芯片中顺序读出 2 字节的编码，其中，低字节（A0=0）为制造厂商编码，高字节（A0=1）为器件编码。

（5）标准编程方式：该方式要求 Vpp 接+21～+25V 电源，$\overline{OE}$ 无效；待地址、数据就绪，由 $\overline{PGM}$ 送入宽(50±5)ms 的 TTL 负脉冲。于是，1 字节的数据被写入指定单元。重复这一过程，则整个芯片几分钟就可完成编程写入。

（6）Intel 编程方式：该方式下，对每个要写入的存储单元，在地址、数据就绪的前提下，向 $\overline{PGM}$ 重复送 1ms 宽的编程负脉冲，每送一个脉冲随即进行一次校验。若读出与写入相同，说明此时数据已经写入，可进一步加以巩固。设此时已向 $\overline{PGM}$ 送进 N 个编程脉冲，可再向 $\overline{PGM}$ 送 4×N 宽度的脉冲来加以巩固；若 N=15 时仍不能读到正确的校验数据，则说明该单元已经损坏。

（7）编程校验方式：编程状态下的读出。在编程时，当 1 字节的数据被写入后，总是随即进行读出校验，判断读出数据是否与写入相同。除 Vpp 接+21～+25V 电源外，该方式的其他信号与读出方式相同。

（8）编程禁止方式：禁止对芯片进行编程。

Intel 28 系列存储器是典型 EEPROM 电路。图 2.1.4 是其中一款 8K×8 的芯片——Intel 2864。其最大工作电流 160mA，维持电流 60mA，最大写入时间 10ms，典型读出时间 250ns。Intel 2864 的功能如表 2.1.2 所示，其特点是片内设有 16 字节的静态 RAM 页缓冲器，支持页写入和查询。

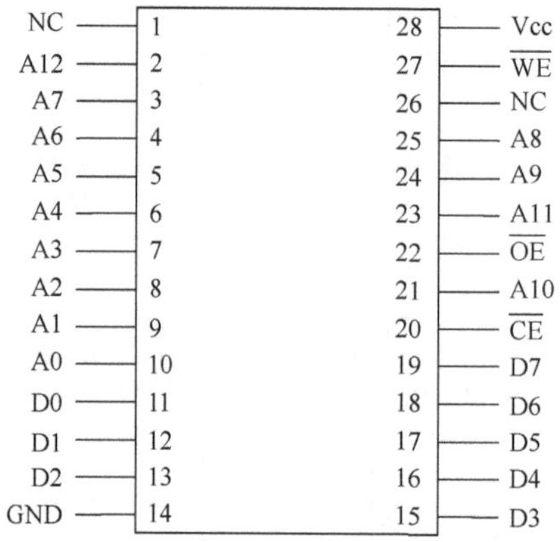

NC	1	28	Vcc
A12	2	27	$\overline{WE}$
A7	3	26	NC
A6	4	25	A8
A5	5	24	A9
A4	6	23	A11
A3	7	22	$\overline{OE}$
A2	8	21	A10
A1	9	20	$\overline{CE}$
A0	10	19	D7
D0	11	18	D6
D1	12	17	D5
D2	13	16	D4
GND	14	15	D3

图 2.1.4　Intel 2864 引脚图

表 2.1.2　2864 的功能表

工作方式	$\overline{CE}$	$\overline{OE}$	$\overline{WE}$	D7~D0
维持	1	×	×	高阻
读出	0	0	1	输出
写入	0	1	负脉冲	输入
数据查询	0	0	1	输出

快速擦写存储器 Flash Memory 又叫闪速存储器、快擦型存储器。它既有 EPROM 的价格便宜、集成度高的优点，又有 EEPROM 在计算机内进行擦除、改写的特性。它具有整片擦除的特点，且擦除、重写的速度快。

Intel 28F 系列存储器是典型的 Flash 芯片，如 28F256A(32K)、28F512(64K)、28F010(128K) 和 28F020(256K)，每字节的数据编程仅花 10μs，对于上述 4 种芯片，整个芯片编程时间分别为 0.5s、1s、2s 和 4s。

2.1.2　CPU 与存储器的连接

1. 存储器与 CPU 连接时应处理的问题

主存储器与 CPU 的连接主要考虑总线驱动、时序配合、数据线的连接、地址线的连接、读/写控制线的连接、ROM 与 RAM 在存储器中的地址分配、对多种宽度数据访问的支持等问题。

CPU 的总线驱动能力指可以直接驱动的标准门电路器件数量，总线还要考虑支持三态和双向驱动问题。

时序配合主要是 CPU 的读/写时序同存储器芯片的存取时序的配合。存储器芯片同 CPU 连接时，要保证 CPU 对存储器正确、可靠地存取，必须考虑存储器的工作速度是否能同 CPU 速度匹配及时序信号的兼容问题。

当存储器与 Intel 80x86 微处理器连接时，数据线的连接应能够支持对 8 位、16 位、32 位、64 位数据的存取。

在存储器连接中一般把地址线分为高位地址线、低位地址线和最低位地址（字节选择）线。连接的方式也不同。高位地址一般做存储器芯片的选择。低位地址用于对存储器芯片内存储单元的选择，称为字选。最低位地址一般用于对存储器体的选择，称为体选。

读/写控制信号用于控制对存储器的读/写操作。对于工作速度与 CPU 相匹配的存储芯片，只需将存储芯片的读/写控制线直接连到 CPU 总线或系统总线提供的读/写控制线即可。当存储芯片的工作速度与 CPU 不匹配时，存储器芯片的接口电路就必须具有向

CPU 发等待命令的控制信号，以使 CPU 根据需要在正常的读 / 写周期之外再插入 1 个或几个等待周期。

RAM 存放临时数据和当前的应用软件，而非易失的 ROM 存放核心系统软件，微型计算机加电或复位后开始运行的程序要存在 ROM 中，因此，在微型计算机加电或复位后开始运行的第一条指令所对应的物理地址空间应当为 ROM。80x86 系列微处理器复位后从物理地址高端开始运行，所以总是在物理地址空间的高地址位置使用 ROM。

2. 16 位微型计算机系统中的主存储器接口

16 位微处理器 8086 CPU 有 20 条地址线，可直接寻址 1M 字节的主存储器地址空间，而这 1M 字节的存储器地址空间是按字节顺序排列的，为了能实现一次访问，可以完成字类型数读/写，也可以完成字节类型数读/写的要求，可以把 1M 字节的存储器地址空间实际上分成两个 512K 字节的存储体，如图 2.1.5 所示。

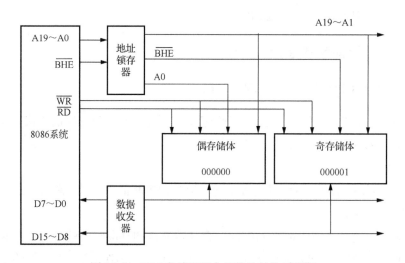

图 2.1.5　8086 存储器两个储体的结构示意图

例 2.1.1　采用分体结构，利用两片 Intel 2764 构成 16K 字节的高位地址 ROM，两片 Intel 6264 构成 16K 字节的低位地址 RAM。一个连接的例子如图 2.1.6 所示。在此结构下，如果要使用更大的存储容量，可以增加 Intel 2764 或 Intel 6264 芯片。

3. 64 位微型计算机系统中的主存储器接口

Pentium 是典型 64 位外部数据线微处理器，其能对存储器任意地址的字节、字、双字和四倍字的访问。采用分体的 64 位存储器系统时，Pentium 的 64 位数据总线需要 8 个 8 位存储体连接，图 2.1.7 给出了一个由 8 个存储体实现存储器系统的架构。

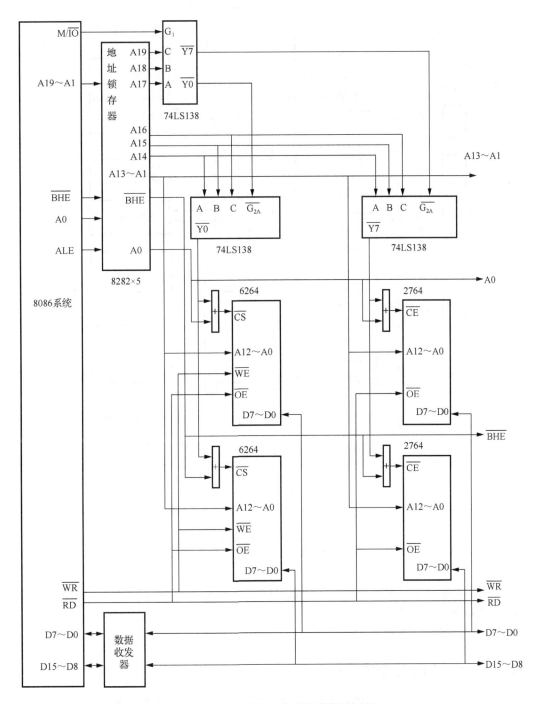

图 2.1.6　8086 系统与存储器连接的示例

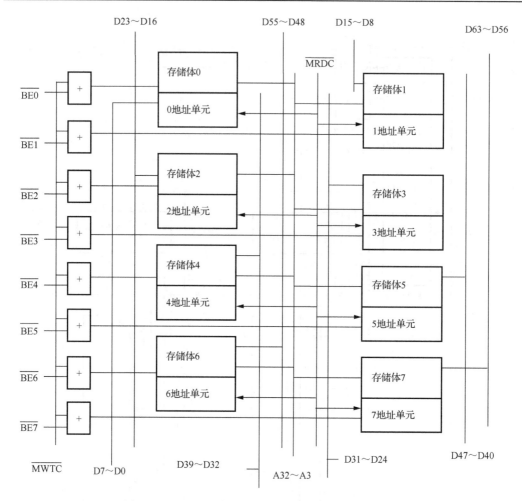

图 2.1.7 Pentium 系统存储器 8 个存储体的结构示意图

2.2 高速缓冲存储器 Cache

Cache 是解决主存储器价格与访问速度问题的一项技术，其理论基础是存储器访问的局部性原理：访问存储器时，无论是取指令还是存取数据，所访问的存储单元都趋于聚集在一个较小的连续区域中。

2.2.1 Cache 的工作原理简介

主存储器由 2^n 个可编址的字节组成，每字节有唯一的 n 位地址。为了与 Cache 映射，Cache 和主存储器都被机械地划分为尺寸（容量大小）相同的块，每块由 2 字节、4 字节、8 字节或 16 字节组成，并且把块有序地编号。主存储器的地址 nm 由主存储器块号 nmb 和块内地址 nmr 表示；同样 Cache 地址 nc 由 Cache 块号 ncb 和块内地址 ncr 表示，如图 2.2.1 所示。

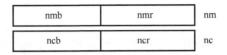

图 2.2.1　主存储器与 Cache 地址

1．Cache 的基本结构及工作过程

Cache 的基本结构及工作过程如图 2.2.2 所示。它由 Cache 存储体、主存储器-Cache 地址映像变换机构和 Cache 替换机构等模块组成。

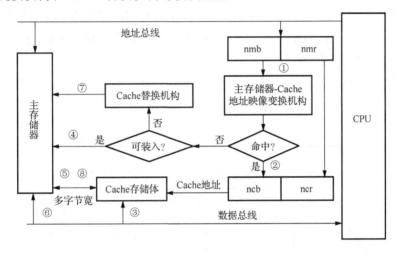

图 2.2.2　Cache 的基本结构及工作过程示意图

Cache 存储体以块为单位与主存储器交换信息，主存储器大多采用多体结构，且 Cache 具有最高的访存优先级。

主存储器-Cache 地址映像变换机构完成地址的变换，就是当主存储器中的块按照这种映像方法装入 Cache 之后，每次访 Cache 时将主存储器地址变换成对应的 Cache 地址。

当 Cache 内容已满，无法接收来自主存储器块的信息时，就由替换机构按一定的替换算法来确定将 Cache 内哪个块回送主存储器，而把新的主存储器块调入 Cache。

Cache 的基本工作过程（参照图 2.2.2）：

（1）首先进行主存储器与 Cache 的地址变换（图中①）。

（2）变换成功（Cache 块命中），就得到 Cache 块号 ncb，并由 nmr 直接送 ncr 以拼接成 nc（图中②），这样，CPU 就直接访问 Cache（图中③）。

（3）Cache 块未命中（Cache 失效），就查看有无空余的 Cache 块，当有空余的 Cache 块空间（图中④），就把访问地址所在的块调入 Cache（图中⑤），同时把被访问的内容直接送给 CPU（图中⑥）。

（4）Cache 中无空余空间，就根据一定的块替换算法（图中⑦），把 Cache 中一块送回主存储器（图中⑧），再把访问地址所在的块从主存储器送入 Cache。

2. 地址映像

把主存储器块装入 Cache 时，需要按某种规则把主存储器块装入 Cache 的某个地址中，这个规则就是主存储器到 Cache 的地址映像。地址映像一般采用全相联映像、直接映像和 N 路组相联映像方法。

在全相联映像方法中，主存储器中的任意一块可装入 Cache 中的任意块。在 Cache 内，除了必须存放每一个数据块的内容外，同时还须将每一块的主存储器地址全部记下。存取数据时，地址映像变换机构将该项数据的地址与存在 Cache 的标记部分中的所有地址逐个相比。若找到相同的地址，即将那个 Cache 位置的内容送给微处理器。

例 2.2.1　当 Cache 容量为 128 个 4 字节块，主存储器容量为 16M 字节，一个全相联映像的例子如图 2.2.3 所示。

16M 字节主存储器，主存储器地址为 24 位；以 4 字节为一个块，块内地址为 2 位；主存储器地址最低 2 位作为块内地址，其他位为标记。

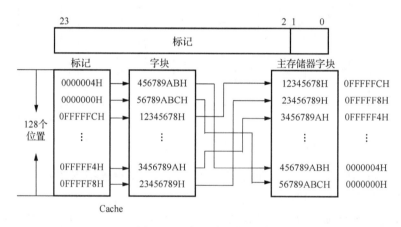

图 2.2.3　全相联映像示例

在直接映像方法中，主存储器中每一块只能装入 Cache 中唯一块位置。直接映像的 Cache 地址包括两部分。一部分称为索引字段，用以选出 Cache 中的一个块位置；另一部分则称为标记字段，用以区分可能被存在同一 Cache 块上的所有主存储器块。

例 2.2.2　当 Cache 容量为 64K 字节，每个块 4 字节，主存储器容量为 16M 字节，一个直接映像的例子如图 2.2.4 所示。

主存储器为 16M 字节，地址为 24 位。64K 字节 Cache 可以分为 16K 个 4 字节块，识别块的索引部分用 14 位，识别块内字单元用 2 位（地址最低 2 位），索引字段共 16 位。主存储器容量为 16M 字节，Cache 的容量为 64K 字节，每 256（16M÷64K=256）个主存储器的数据块，对应同一个 Cache 的数据块。为能识别是这 256 个中的哪个，标记字段需有 8 位。

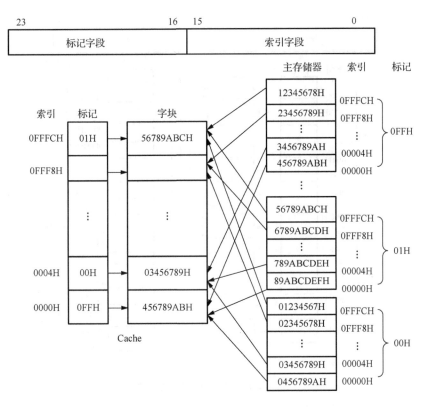

图 2.2.4　直接映像示意图

N 路组相联映像方法是全相联映像与直接映像的一种折中方法。在直接映像中只有一个 Cache（或称一路 Cache），如果把 Cache 增加到 N 路，且在主存储器的区与 Cache 的路之间实行全相联映像，在块之间实行直接映像，这就是 N 路组相联映像。

例 2.2.3　当 Cache 容量为 64K 字节，每个块 4 字节，主存储器容量为 16M 字节，一个 2 路组相联映像的例子如图 2.2.5 所示。

Cache 容量为 64K 字节，分为 2 路，每一路为 32K 字节，每块为 4 字节。主存储器空间为 16M 字节，地址 24 位。每路可以分为 16K 个 4 字节块，识别块的索引部分用 13 位，识别块内字单元用 2 位（地址最低 2 位），索引字段共 15 位。主存储器容量为 16M 字节，Cache 的容量为 64K 字节，每 256（16M 字节÷64K 字节=256）个主存储器的数据块对应同一个 Cache 的数据块。为能识别是这 256 个中的哪个，标记字段需有 8 位，再有 1 位用于标志路，共 9 位，每一主存储器块则变成有两个 Cache 块与之对应。

3. 替换算法

当 Cache 已经没有空块，又有新的数据装入时，原存储的一块数据必须被替换掉。确定被替换的块的策略称为替换算法，最常用的有近期最少使用（least recently used，LRU）算法、最不经常使用（least frequently used，LFU）算法和随机替换。

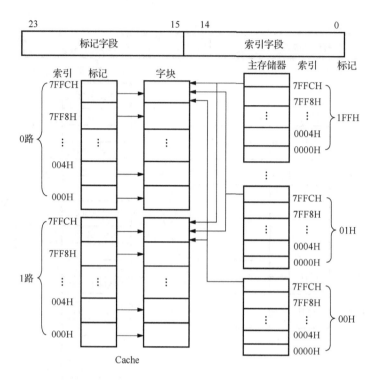

图 2.2.5　2 路组相联映像示例

LRU 算法将近期内长久未被访问过的块换出。这种算法保护了刚复制到 Cache 中的新数据行，符合 Cache 工作原理，因而使 Cache 有较高的命中率。

LFU 算法认为应将一段时间内被访问次数最少的那块数据换出。这种算法将计数周期限定在对这些特定块两次替换的间隔时间内，因而不能严格反映近期访问情况。

随机替换策略是从特定的块位置中随机地选取一块换出。

4. Cache 内容的一致性

Cache 中有效的内容应是主存储器部分内容的副本。当 CPU 向 Cache 写入数据时，主存储器的内容跟不上相应的变化，就可能造成了不一致。数据写回主存储器一般有写回法、写直达和记入式写等方法。

写回法：当 CPU 写 Cache 命中时，只修改 Cache 的内容，而不立即写入主存储器；只有当此块被换出时才写回主存储器。这种写 Cache 与写主存储器异步进行的方式可显著减少写主存储器次数，但是存在不一致的隐患。

写直达：在向 Cache 写入数据时，把数据也写入主存储器，这样，在进行块替换时，Cache 块就不必写回主存储器了。

记入式写：把欲写到 Cache 中的数据先复制到一个缓冲存储器中去，然后再把这个副本写回主存储器。

2.2.2　Pentium 的高速缓冲存储器

1. Pentium 片内 Cache 的组成

Pentium 片内 Cache 是由高速缓冲存储器控制器 82496 和高速缓冲存储器 82491 组成，它们之间的逻辑关系如图 2.2.6 所示。Cache 控制器 82496 和 Cache 82491 可以用不同方式配置。系统设计人员可以根据需要来选择 Cache 控制器 82496 和 Cache 82491 配置方案，像 Cache 块大小、Cache 体子块大小如何分，使用什么样的监视方式以及使用哪种存储器总线方式最佳等都可以选择。

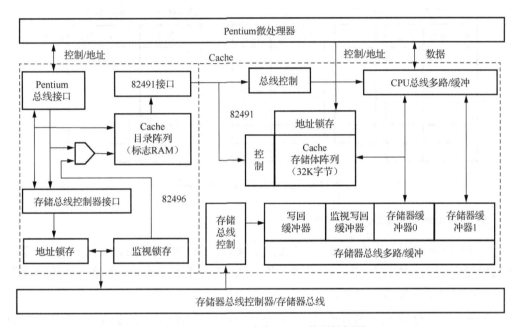

图 2.2.6　Pentium 片内 Cache 的逻辑框图

2. Pentium 片内 Cache 的结构

Pentium 包含两个片内 Cache，一个用于数据，一个用于指令。每个 Cache 有 8K 字节，采用 2 路组相联映像结构。每个片内 Cache 都是由 2 个（0 路和 1 路）大小为 4K 字节的存储体组成。每路又分 128 块，每块 32 字节。因此，0 路和 1 路 Cache 各有 256 条数据线。每路 Cache 都有自己的标记目录。目录中对每块都有一个标记。为了使读者对 Cache 的实际组成有所了解，这里简单介绍 Pentium 处理器片内 L1 数据 Cache 的结构，如图 2.2.7 所示。标记由标记地址和两个 MESI（modified / exclusive / shared / invalid，修改 / 互斥 / 共享 / 无效）的协议状态位组成，可表示以下四种状态。

修改（M）：Cache 块数据已经被修改（不同于主存储器），只在这个 Cache 中有效。

互斥（E）：Cache 块数据与主存储器一样，而且在其他 Cache 中不可以出现。

共享（S）：Cache 块数据与主存储器一样，而且可以在其他 Cache 中出现。

无效（I）：Cache 块没有有效的数据。

MESI 位用来保持 Pentium 片内 Cache 和主存储器的一致性。由于数据 Cache 支持 MESI 写回 Cache 的一致性协议，这样数据 Cache 内必须设置两位状态位。而代码 Cache 由于只支持 S（共享）状态和 I（无效）状态，因此在指令 Cache 内仅需一位状态位。数据 Cache 和指令 Cache 采用了 LRU 替换算法，由片内最近最少使用机制负责实施执行，这就要求每个 Cache 中的两块都设置一位最近最少使用位，即 0 路和 1 路中同块号的两块共用 1 个 LRU 位。

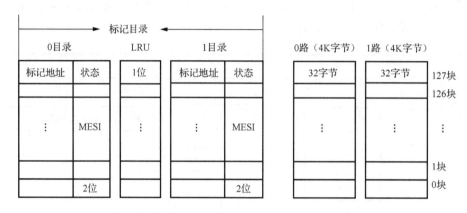

图 2.2.7　Pentium 片内 L1 数据 Cache 的结构

3. Pentium 的 Cache 操作方式

在 Pentium 的所有操作方式下，不论是实模式、保护模式，还是虚拟 8086 方式下，均可以使用高速缓冲操作。对一个单处理机系统来说，若设计合理，在系统初始化阶段，一旦获准高速缓冲操作，就不必再对 Cache 实施控制。

Pentium 可通过软件和硬件控制片内 Cache。控制寄存器 CR0 中的 Cache 禁用位（CD）和非写直达位（NW）对 Cache 的操作有控制作用，CD 和 NW 可由软件来设置。例如，将 CD 和 NW 均设为逻辑 0，即可对 Cache 进行各种操作；而将 CD 和 NW 均置为逻辑 1，并未使 Cache 完全禁用。在这种情况下，读数据时，若命中 Cache 内的数据，则仍然访问 Cache 中的有效信息；但如果未命中，并不会引起对 Cache 相应存储区的修改。为了完全禁用 Cache，在通过软件设置禁用 Cache 后必须擦除 Cache 中的数据，将 Cache 擦除信号（$\overline{\text{FLUSH}}$）置为逻辑 0，可将 Cache 中修改过的数据写回主存储器中，写回操作完毕后，Cache 中的数据全部设成无效态。

Pentium 通过软件或硬件设置，主存储器地址空间也可划分成非高速缓冲操作和高速缓冲操作的存储区。软件上通过设置相关页的页表项中的高速缓存禁用位（CR3 中的 PCD 位），可将主存储器中的某页设置成高速缓冲操作和非高速缓冲操作。硬件上则是通过设置允许高速缓冲信号 $\overline{\text{KEN}}$ 的逻辑电平，实现主存储器地址空间映像为高速缓冲操作或非高速缓冲操作地址空间。

2.3　虚拟存储器及 Pentium 的存储器管理模式

2.3.1　虚拟存储器及其工作原理

虚拟存储器（virtual memory）又称为虚拟存储系统。虚拟存储器是由主存储器、辅助存储器、辅助硬件和操作系统管理软件组成的一种存储体系。虚拟存储器的目标是增加存储器的存储容量，它的速度接近于主存储器，单位造价接近于辅助存储器。虚拟存储器和 Cache 存储器是存储系统中两个不同的存储层次，它们在功能、结构、操作过程等方面的比较如表 2.3.1 所示。

表 2.3.1　虚拟存储器和 Cache 存储器的比较

	虚拟存储器	Cache 存储器
存储层次	主存储器-辅助存储器	Cache-主存储器
主要功能	主存储器速度，辅助存储器容量	CPU 速度，主存储器容量
信息传送单位	信息块（如段、页），有多种划分，长度较大	信息块（如块、行），长度较小，并且固定
结构	CPU → 主存储器 → 辅存储器 主存储器不命中，进行辅助存储器调度，而 CPU 程序换道	CPU → Cache → 主存储器 在 CPU 与主存储器之间具有直接访问通路
操作过程	由部分硬件和操作系统存储管理软件实现，对应用程序员透明，对存储管理软件程序员不透明	全部用硬件实现，对各类程序员透明

1. 地址空间及地址

在虚拟存储器中有 3 种地址空间（虚拟地址空间、主存储器地址空间、辅助存储器地址空间）及对应的 3 种地址。

虚拟地址空间又称为虚存地址空间，是应用程序员用来编写程序的地址空间，与此相对应的地址称为虚地址或逻辑地址。

主存储器地址空间又称为实存地址空间，是存储、运行程序的空间，其相应的地址称为主存物理地址或实地址。

辅助存储器地址空间也就是磁盘存储器的地址空间，是用来存放程序的空间，相应的地址称为辅助存储器地址或磁盘地址。

2. 虚拟存储器工作原理

虚拟存储器中，信息的调度和管理由硬件和软件（操作系统）共同完成，其工作过程如图 2.3.1 所示。

由于采用的存储映像算法不同，就形成了不同的存储管理方式。Pentium 支持分段存储管理、分页存储管理和段页式存储管理。

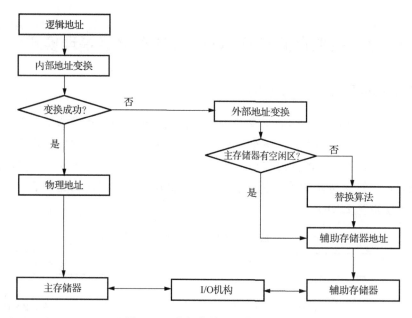

图 2.3.1　虚拟存储器工作过程示意图

2.3.2　分段存储管理

1. 分段存储管理的基本思想

把主存储器按段分配的存储管理方式称为段式管理。分段管理后，系统必须知道每段的必要信息（段信息）才能完善地管理各段，这些信息包括：段在物理空间的开始地址、段的界限、段是数据型还是程序型、主存储器标志等多方面的内容。存储这些信息的数据结构称作段描述符（或简称描述符）。把所有的描述符分类，组成顺序排列的表，称作描述符表（或简称段表）。每个描述符表也可以有自己的描述符，称作描述表描述符。只要系统建立了一个程序段的描述符，系统就开始管理此程序段，而无论该段内容是否真正在主存储器。也就是说，此标志位使系统可以把外存的一部分作为主存储器的延伸，与主存储器统一管理，这一复合存储空间称为虚拟主存储器。程序员编程时使用虚拟空间即可，无须考虑物理空间大小。因此常称虚拟空间为编程空间。

图 2.3.2 给出了分段存储管理的示意图。一个程序 A 具有 4 个模块，程序 A 对应的描述符表中有 4 个描述符，每个模块对应一个描述符。描述符表的一行为一个描述符，描述符内容包括基址、界限和访问控制等。基址是装入模块的首地址，界限指出该段的长度。

在段式管理中，当程序访问某个信息时，需要进行以下几个步骤。

（1）从主存储器中找到描述符表。

（2）从描述符表中找到相应的描述符，由描述符中的主存储器标志指出该段目前是否在内存。若主存储器标志不成立，系统就知道该段目前不在主存储器，系统去外存寻找此程序段，若找到就把它调入主存储器，然后修改描述符以便与主存储器段统一。

（3）从描述符找到段在主存储器的位置。

（4）从段中找到信息所在主存储器的物理地址。

（5）访问该物理地址。

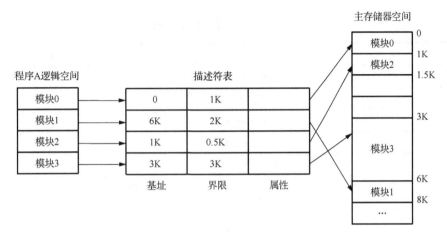

图 2.3.2　分段存储管理的示意图

Pentium 的分段存储管理中逻辑地址（虚拟地址）包括 16 位的段选择符和 32 位的段内偏移地址两部分，它在程序中用以规定指令或数据的存储器位置。分段机制将 46 位虚拟地址映射到 32 位物理地址的转换过程如图 2.3.3 所示。段选择符中高 13 位为描述符索引，用于确定描述符，从中取出 32 位基地址并与偏移地址相加，得到 32 位的线性地址。如果不启用分页，则线性地址就直接作为物理地址。

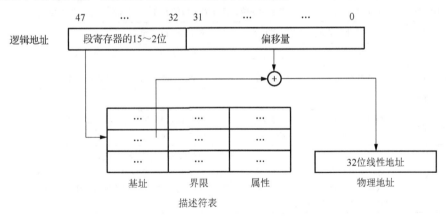

图 2.3.3　虚实地址转换示意图

2. 描述符

描述符均由 8 字节组成，保存段的属性、段的大小（段限）、段在存储器中的位置（段基址）以及控制和状态信息。按段的性质将段的描述符分为程序段描述符、系统段描述符和门描述符。其中，程序段描述符又分为代码段描述符、堆栈段描述符和数据段描述符；系统段描述符又称为特殊段描述符，包括局部描述符表（LDT）描述符和任务状态段（TSS）描述符；门描述符包括任务门描述符、调用门描述符、中断门描述符和陷阱门描述符。对于不同的描述符，其格式存在差异。

程序段描述符的格式如表 2.3.2 所示，各个部分的定义如表 2.3.3 所示。

表 2.3.2　程序段描述符的格式

D7	D6	D5	D4	D3	D2	D1	D0	字节
段界限 7～0								0
段界限 15～8								1
段基址 7～0								2
段基址 15～8								3
段基址 23～16								4
段存在位 P	特权级 DPL		分类 S	类型 TYPE				5
粒度位 G	D/B	0	可用位 AVL	段界限 19～16				6
段基址 31～24								7

表 2.3.3　程序段描述符参数定义

符号（字段）	参数定义与说明
段基址	第 2～4 和 7 个字节给出 32 位的段基址字段，给出段在 4G 物理地址空间中的起始位置
段界限	第 0、1 和 6 字节的低 4 位是 20 位的段界限字段，其定义了段的长度，而该字段的值的单位由"G"位决定。"G"位称作粒度位，用来确定段界限所使用的长度单位
粒度位 G	G=0 时，段的长度以 1 字节为单位；G=1 时，段的长度以 4K（2^{12}）字节为单位
分类 S	当 S=0 时，是系统段描述符；当 S=1 时，是非系统段描述符
段存在位 P	当 P=1 时，表示该段在主存储器中；当 P=0 时，表示该段不在主存储器中
系统可用位 AVL	当 AVL=1 时，表示系统软件可用本段；当 AVL=0 时，表示系统软件不能用本段
特权级 DPL	定义段的特权级
类型 TYPE	TYPE 在不同的描述符中有不同的格式。数据段或堆栈段描述符中的类型 TYPE 字段的格式如表 2.3.4 所示，代码段描述符中的类型 TYPE 字段的格式如表 2.3.5 所示
D 位/B 位	在代码段描述符中叫作 D 位，在数据段和堆栈段描述符中叫作 B 位。在代码段描述符中，当 D=1 时，采用的是 32 位操作数和 32 位有效地址的寻址方式；当 D=0 时，采用的是 16 位操作数和 16 位有效地址的寻址方式。在堆栈段描述符中，当 B=1 时，使用的是 32 位的堆栈指针寄存器 ESP；当 B=0 时，使用的是 16 位的堆栈指针寄存器 SP

表 2.3.4　数据段或堆栈段描述符中的类型 TYPE 字段的格式

D3	D2	D1	D0
E=0	ED	W	A
可执行位。当 E=0 时，是数据段或堆栈段	扩展方向位，ED=1 时，向下扩展（地址减小方向）	可写位。当 W=0 时，不允许写入；当 W=1 时，允许写入	访问位。当 A=0 时，该段尚未被访问；当 A=1 时，该段已被访问

表 2.3.5 代码段描述符中的类型 TYPE 字段的格式

D3	D2	D1	D0
E=1	C	R	A
可执行位，当 E=1 时，是代码段	一致性位。当 C=0 时，表示非一致性代码段；当 C=1 时，表示一致性代码段	可读位。当 R=0 时，不允许读；当 R=1 时，允许读	访问位。当 A=0 时，该段尚未被访问；当 A=1 时，该段已被访问

系统段描述符的格式如表 2.3.6 所示，其段基址、段界限、S、DPL、G 和 P 字段的规则与程序段描述符的规则相同。类型 TYPE 字段的格式如表 2.3.7 所示。

表 2.3.6 系统段描述符的格式

D7	D6	D5	D4	D3	D2	D1	D0	字节
段界限 7~0								0
段界限 15~8								1
段基址 7~0								2
段基址 15~8								3
段基址 23~16								4
段存在位 P	特权级 DPL		分类 S	类型 TYPE				5
粒度位 G	0	0	0	段界限 19~16				6
段基址 31~24								7

表 2.3.7 系统段描述符中的类型 TYPE 字段的格式

TYPE	段的类型（用途）	TYPE	段的类型（用途）
0000	未定义（无效）	1000	未定义（无效）
0001	286 TSS 描述符，非忙	1001	TSS 描述符，非忙
0010	LDT 描述符	1010	未定义（保留）
0011	286 TSS 描述符，忙	1011	TSS 描述符，忙
0100	286 调用门描述符	1100	调用门描述符
0101	任务门描述符	1101	未定义（保留）
0110	286 中断门描述符	1110	中断门描述符
0111	286 陷阱门描述符	1111	陷阱门描述符

门描述符用来控制访问的目标代码段的入口点（入口地址）。门描述符给出访问调用门、任务门、中断门和陷阱门的条件和信息。调用门用于改变特权级别，任务门用于任务切换，中断门和陷阱门用于确定中断服务程序。门描述符的格式如表 2.3.8 所示。

段选择符和偏移地址给出门入口的逻辑地址。字计数指示有多少字参数要从调用者的堆栈复制到被调用的子程序堆栈（字计数值）。DPL 字段为特权级。

表 2.3.8 门描述符的格式

D7	D6	D5	D4	D3	D2	D1	D0	字节
偏移地址 7～0								0
偏移地址 15～8								1
段选择符 7～0								2
段选择符 15～8								3
0	0	0	字计数					4
段存在位 P	特权级 DPL		分类 S	类型 TYPE				5
偏移地址 23～16								6
偏移地址 31～24								7

3. 全局描述符表及寄存器

全局描述符表由描述符组成。在 Pentium 中，全局描述符表寄存器 GDTR 指定了全局描述符表 GDT 在主存储器中的起始地址。GDTR 是 48 位寄存器，低 2 字节为 16 位表界限，高 4 字节为 32 位基地址，指示 GDT 在存储器中开始的物理地址。

全局描述符表的基地址应该在 8 字节边界上对准。在段选择符中，用 13 位的 INDEX 选择存放在全局描述符表（或局部描述符表）中的描述符，所以全局描述符表 GDT 最多可以存放 2^{13}=8192 个描述符（实际全局描述符表 GDT 只存放 8191 个），Pentium 全局描述符表 GDT 中的第 0 项是空选择项，不被使用。

Pentium 在从实模式转到保护模式之前必须将 GDT 的 32 位基地址和 16 位界限的值装入 GDTR，并至少要定义全局描述符表。一旦 Pentium 处在保护模式，则 GDT 所在的地址一般就不允许改动。

4. 局部描述符表及寄存器

每个任务除了可访问全局描述符表外还可访问它自己的描述符表，这个描述符表称为局部描述符表 LDT，通过它，由 LDTR 可以确定某个任务使用的存储器地址空间。Pentium 中的局部描述符表寄存器 LDTR 结构类似于段寄存器，由 16 位段选择符、32 位基址、20 位界限和 12 位属性组成。

局部描述符表寄存器 LDTR 中的段选择符是一个指向全局描述符表 GDT 中 LDT 描述符的段选择符。LDTR 中装入了段选择符，Pentium 自动地将相应的 LDT 描述符从全局描述符表 GDT 中读出来，并装入 LDTR 中程序不可见部分。

5. 中断描述符表及寄存器

同全局描述符表寄存器一样，Pentium 通过中断描述符表寄存器 IDTR 在内存中定义了一个中断描述符表 IDT。

IDTR 是 Pentium 中的 48 位寄存器。该寄存器的低 2 字节标识为 16 位界限，它规定了 IDT 按字节计算的大小，IDT 最大可达 64K 字节（但是 Pentium 只能够支持 256 个中断和异常，最多占用 2K 字节）。IDTR 的高 4 字节给出一个 32 位基地址，指示 IDT 在存储器中开始的物理地址。

中断描述符表 IDT 中存放的描述符类型均是门描述符。门提供了一种将程序控制转移到中断服务程序入口的手段。IDT 中按照中断类型码由小到大的顺序，从低位地址开始依次存放对应的中断门描述符，每个中断类型码对应一个中断门描述符，中断门描述符给出中断服务程序入口信息。每个门 8 字节，包含服务程序的属性和起始地址。

一旦 IDT 地址设定，那么进入保护模式之后一般就不允许改动。

6. 段选择符及寄存器

Pentium 在保护模式下时，每一个段寄存器由两部分组成，一部分为 16 位的可见部分（段选择符），另一部分为 64 位的不可见部分（或称描述符高速缓冲寄存器）。

16 位段选择符分为 3 个字段：13 位索引字段 INDEX，1 位描述符表选择字段 TI 和 2 位的请求特权级字段 RPL。

段选择符中的 D2 位（TI）是描述符表选择字段，这个字段用来说明使用的是全局描述符表 GDT 还是局部描述符表 LDT。当 TI=0 时，选择的是全局描述符表 GDT。当 TI=1 时，选择的是局部描述符表 LDT。

段选择符中的 D15～D3 位是索引字段，共 13 位。索引值乘以 8 就是相对于 GDT 或 LDT 首地址的偏移地址，用这个偏移地址再加上描述符表的基地址（来自全局描述符表寄存器 GDTR，或者局部描述符表寄存器 LDTR）就是描述符在描述符表中的地址。

段选择符中的 D1、D0 位是请求特权级字段 RPL。

段选择符装入段寄存器的操作是通过应用程序中的指令完成的。装段寄存器的指令有两类，即直接的装段寄存器指令和隐含的装段寄存器指令。

（1）直接的装段寄存器指令：可使用传送指令 MOV、弹出堆栈指令 POP、加载段寄存器指令 LDS、LSS、LGS、LFS。这些指令都是显式地访问段寄存器。

（2）隐含的装段寄存器指令：可使用调用一个过程指令 CALL、远转移指令 JMP。这种指令会更改代码段寄存器 CS 的内容。

2.3.3　保护模式下的访问操作

1. 保护机制的分类

Pentium 对主存储器中的程序设置了三类保护机制：任务间存储空间的保护、段属性和界限的保护、特权级保护。

任务间存储空间的保护是通过每一个任务所专用的 LDT 描述符实现的。根据 LDT 描述符，每个任务都有它特定的虚拟空间，因而避免各任务之间的干扰，起到隔离、保护的作用。

段属性和界限的保护是当段寄存器进行加载时，需要进行段存在性检查（属性字节的 P 位）以及段限检查。

特权级保护是为了支持多用户多任务操作系统，使系统程序和用户的任务程序之间、各任务程序之间互不干扰而采取的保护措施。**Pentium** 提供了由内到外对应由高到低的 4 级特权级（PL），用 2 位二进制编码，4 个编码 00、01、10、11 对应 0 级、1 级、2 级、3 级 4 个特权级，0 级的特权最高，1 级次之，3 级的特权最低。一般 0 级为核心系统软件，1 级为系统服务软件，2 级为操作系统扩展软件，3 级为应用软件。

在实施特权级管理中使用了三种形式的特权管理：当前任务特权 CPL、选择符特权 RPL 和描述符特权 DPL。

CPL 是当前正在执行的代码段所具有的访问特权级，存放在 CS 段寄存器的最低两位。

RPL 是新装入段寄存器的段选择符的特权级，存放在段选择符的最低两位。

DPL 是段被访问的特权级，保存在该段的描述符的特权级 DPL 位。

2. 数据段访问

Pentium 程序使用的是逻辑地址，在使用段式管理时，访问存储器要转换为线性地址。当访问的是数据段时，访问过程及线性地址的生成过程如图 2.3.4 所示。

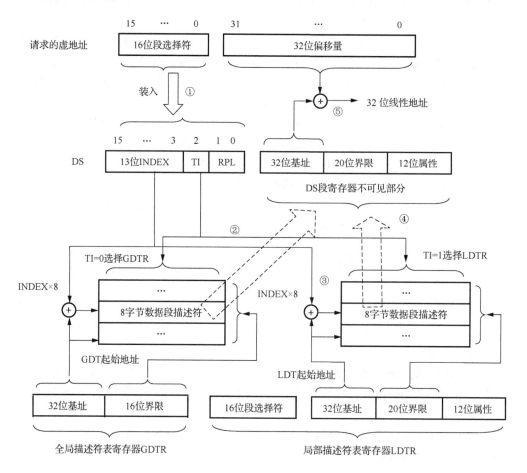

图 2.3.4　数据段访问过程及线性地址的生成

例 2.3.1　结合图 2.3.4，当(DS)=001FH，(EBX)=00 00 10 00 H，局部描述符表中第 3 个描述符中段基址为 20 00 00 00H，说明 MOV　AL,[EBX]（EBX 寄存器间接寻址存储器把一个字节操作数送寄存器 AL）的基本寻址过程（假设所有步骤满足保护条件）。

说明：指令中存储器寻址默认的段为 DS 指向的段。在装载 DS 时（装入段选择符，步骤①），由于 TI 位为 1（装入 DS 数据的 D2），故到 LDTR 指向的 LDT 中取描述符（步骤②），段选择符的索引为 0 0000 0000 0011B（第 3 个描述符），则把 LDT 中第 3 个描述符（每个描述符占 8 字节，通过 3×8+LDT 基地址寻址，步骤③）装入 DS 的不可见部分（步骤④），其中包括当前数据段基址 20 00 00 00H。

本指令执行时，由 EBX 间接寻址得到存储单元的偏移地址 00 00 10 00 H。

把段基址与偏移地址相加得到线性地址：20 00 00 00H+00 00 10 00 H=20 00 10 00H（步骤⑤）。

通过分页得到物理地址，读取 1 字节的数据送入 AL。

3. 任务内的段间控制转移

程序控制转移有两种类型：NEAR 类型的段内转移和 FAR 类型的段间转移。

段内转移发生在同一个代码段内，段的基址不变，所以不需要重新访问描述符。转移发生时，只需要进行段限保护检查，即比较偏移地址和段限值。

段间转移发生在不同的代码段之间，不同的代码段基址也不同，因此，转移发生时，需要重新访问目标段的描述符，以便确定目标段的基址。在保护机制方面，除了要进行段限保护检查外，还要进行特权级检查。段间转移有两种方法：段间直接控制转移和段间间接控制转移。

从指令寻址过程可以看出，段间转移类指令都会重新把一个段选择符装入 CS 寄存器，进而得到目标段的描述符。如果这个描述符是一个代码段描述符，则触发段间直接控制转移，如果这个描述符是一个门描述符，则触发段间间接控制转移。不同的控制转移操作引用不同的描述符，涉及不同的描述符表。表 2.3.9 列出了控制转移类型、引用的描述符、涉及的描述符表的规则。

表 2.3.9　任务内段间控制转移的描述符访问规则

控制转移类型	操作类型	引用的描述符	涉及的描述符表
同一个特权级	JMP、CALL、RET、IRET*	代码段	GDT/LDT
同一个特权级，或转移到更高特权级	CALL	调用门	GDT/LDT
	中断指令、异常、外部中断	陷阱门、中断门	IDT
转移到较低特权级	RET、IRET*	代码段	GDT/LDT

*使用 IRET 实现控制转移时，需要嵌套任务位 NT=0。

（1）段间直接控制转移的操作过程。

通过代码段描述符实现同一特权级的段间直接控制转移过程与访问数据段类似，操作过程如图 2.3.5 所示。

例 2.3.2　结合图 2.3.5，当全局描述符表中第 4 个描述符（是一个代码段描述符）中段基址为 10 00 00 00H，说明 JMP 0023:00 00 20 00H（跳转到 0023:00 00 20 00H）的基本寻址过程（假设所有步骤满足保护条件）。

说明：这是一个段间转移指令。执行时，首先要把目标地址的段选择符部分装载到 CS。在装载 CS 时，由于 TI 位为 0（装入 CS 数据的 D2），故到 GDTR 指向的 GDT 中取描述符，段选择符的索引为 0 0000 0000 0100B（第 4 个描述符），则把 GDT 中第 4 个描述符（每个描述符占 8 字节，通过 4×8+GDT 基地址寻址）装入 CS 的不可见部分（目标代码段描述符），其中包括当前代码段基址 10 00 00 00H。转移目标地址的偏移地址为 00 00 20 00 H。

把段基址与偏移地址相加得到目标地址线性地址：10 00 00 00H+00 00 20 00 H= 10 00 20 00H。通过分页得到物理地址，读取代码执行。

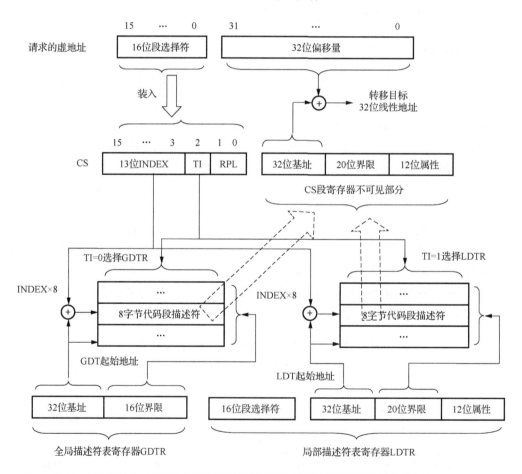

图 2.3.5　段间直接控制转移过程及目标地址线性地址的生成

（2）段间间接控制转移的操作过程：使用调用门。

当段间转移类指令装载一个段选择符到 CS 时，如果这个段选择符为一个门描述符则触发段间控制间接转移，操作过程如图 2.3.6 所示。

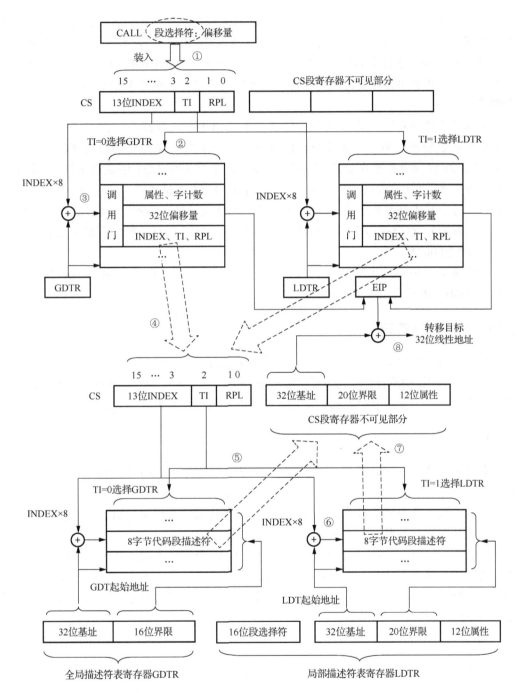

图 2.3.6　用调用门实现段间间接控制转移的过程

例 2.3.3　结合图 2.3.6，当全局描述符表中第 4 个段描述符是一个调用门描述符，其给出的门地址（一个逻辑地址）为 002D:00 00 20 00H，当前局部描述符表中第 5 个描述符为一个代码段描述符，其段基址为 01 00 00 00H。说明执行 CALL 00 23:00 11 22 33 44H 的基本寻址过程（假设所有步骤满足保护条件）。

说明：这是一个段间调用指令。执行时，首先要把目标地址的段选择符部分装载到CS（步骤①）。在装载 CS 时，由于 TI 位为 0（装入 CS 数据的 D2），故到 GDTR 指向的GDT 中取描述符（步骤②），段选择符的索引为 0 0000 0000 0100B（GDT 的第 4 个描述符），则得到 GDT 中第 4 个描述符（每个描述符占 8 字节，通过 4×8+GDT 基地址寻址，步骤③）。

加载这个描述符时，由其类型确定是一个门描述符，则按照门描述符中给出的逻辑地址重新装载目标地址（002D:00 00 20 00H）。首先把这个地址的段选择符装入 CS，由于 TI 位为 1（段选择符 002DH 的 D2），故到 LDTR 指向的 LDT 中取描述符（步骤⑤），段选择符的索引为 0 0000 0000 0101B（当前 LDT 的第 5 个描述符），则把 LDT 中第 5 个描述符（每个描述符占 8 字节，通过 5×8+LDT 基地址寻址，步骤⑥）装入 CS 的不可见部分（步骤⑦），这个描述符中包括段基址 01 00 00 00H。门描述符中逻辑地址的偏移地址为 00 00 20 00 H。

把段基址与偏移地址相加得到目标地址线性地址：01 00 00 00H+00 00 20 00 H=01 00 20 00H。通过分页得到物理地址，读取代码执行。

2.3.4　分页存储管理

分页是另一种虚拟存储器管理方法。分页方法将程序分成若干个大小相同的页，各页与程序的逻辑结构没有直接的关系。Pentium 采用二级页表方法对页面进行管理，第 1 级页表称作页目录，页目录中的页目录项指明第 2 级页表中各页表的基址。

1. 页目录与页表

页目录存储在主存储器中，并通过页目录基地址寄存器 CR3 来访问。CR3 保存着页目录的基地址，该基地址起始于任意 4K 字节的边界。页目录由页目录项组成，页目录项包含下一级页表的基址和有关页表的信息。页表由页表项组成，页表项包含页面（存储页）的基址和有关页面的信息。

如图 2.3.7 所示，Pentium 页目录最多包含 1024 个页目录项，每个页目录项为 4 字节，所以页目录自身占用一个 4K 字节的页面（存储页）。32 位线性地址的最高 10 位（A31～A22）是页目录的索引，用于在页目录中查找不同的页目录项，而页目录项中保存着下一级所对应页表的基地址。

D31　　D12	D11	D10	D9	D8	D7	D6	D5	D4	D3	D2	D1	D0
页表基址	AV	AI	L	0	0	0	A	PCD	PWT	U/S	R/W	P
页表起始地址	系统保留位系统可任意使用						访问	页面Cache禁止	页面写直达	用户/系统	读/写	存在

图 2.3.7　页目录项格式

如图 2.3.8 所示，Pentium 页表最多包含 1024 个页表项，每个页表项为 4 字节，所以页表自身也占用一个 4K 字节的页面（存储页）。32 位线性地址的 A21～A12 是 10 位页表的索引，用于在页表中查找不同的页表项，而页表项中保存着所对应的页面（存储页）的基地址，即页面（存储页）的起始地址。

	D31 D12	D11	D10	D9	D8	D7	D6	D5	D4	D3	D2	D1	D0
	页面基址	AV	AI	L	0	0	D	A	PCD	PWT	U/S	R/W	P
	物理页面 起始地址	系统保留位 系统可任意使用					修改	访问	页面 Cache 禁止	页面 写直达	用户/ 系统	读/写	存在

图 2.3.8　页表项格式

页目录项和页表项的格式中低 12 位分别包含有关页表和页面的控制位信息。在控制位信息中，除第 6 位外，其他位均相同。

存在标志位 P=1 时，表示该页在主存储器中；当 P=0 时，表示该页不在主存储器中，这种情形称作页面失效，或称为页故障。在对页式存储器全面支持的系统中，页面失效时，如果主存储器还有空闲空间，操作系统把急需访问的页调入主存储器，且把 P 置为"1"，并对其他有关的控制位进行相应的操作；如果主存储器没有空闲空间，就要根据一定的替换算法把主存储器中的某页调出存到辅助存储器，再把急需访问的页调入主存储器，放到被替换出的空间。

访问标志位 A=1，说明对应页被访问过；A=0，表示没有被访问过。

修改位 D 也称为脏位，是一个被写修改的标志，该位只在页表项中起作用。D=1，说明对应页被修改过；D=0，表示没有被修改过。

当用户/系统位 U/S=0 时，选择系统级（管理程序级）保护，此时用户程序不能访问该页，适用于操作系统、其他系统软件（如设备驱动程序）和被保护的系统数据（如页表）；当 U/S=1 时，选择用户级保护，此时用户程序可以访问该页，适用于应用程序代码和数据。U/S 位是为了保护操作系统所使用的页面不受用户程序破坏而设置的。

当读/写位 R/W=0 时，选择只读操作；当 R/W=1 时，选择可读/写操作。

PCD 为页面 Cache 禁止，PWT 为页面写直达。允许分页时，Pentium 的 PCD 和 PWT 引脚状态与这两位一致。

系统保留位 AV、AI、L 字段允许系统程序任意使用，一般用于表示操作系统记录页的使用情况。

2. 分页转换机制

在分页转换机制中，当要访问一个操作单元时，32 位线性地址转换为 32 位物理地址是通过两级查表来实现的。Pentium 的页管理机制可设置 4K 字节页或 4M 字节分页两种工作模式。4M 字节分页只需要一个页表。

页目录和页表都存放在主存储器中，当进行地址变换时，处理器要对主存储器访问两次。为了提高由线性地址向物理地址的转换速度，Pentium 设有一个高速转换旁视缓冲存储器 TLB。TLB 中的内容是页表中部分内容的副本，采用高速硬件进行地址变换，因而地址变换非常快，所以又称 TLB 为快表，相对而言，存于主存储器中的页表称作慢表。

例 2.3.4 画图说明，Pentium 使用 4K 字节分页机制时，线性地址 00C02098H 怎么经过分页机构被转换成物理地址（可根据例中给出的页目录和页表内容确定）。

说明：线性地址 00C02098H（0000000011 0000000010 000010011000B）转换过程示例如图 2.3.9 所示，其工作过程如下。

（1）4K 字节长的页目录存储在由 CR3 寄存器所指定的物理地址。此地址常称为根地址。

（2）用线性地址中的最高 10 位（A31～A22）页目录索引，即 0000000011B（3 号页目录项）乘以 4（每个页目录项占 4 字节）得到页目录中页目录项的偏移地址 00CH，从 1024 个页目录项中确定所访问的页目录项 3。图中此页目录项包含所指向的页表 3 的起始地址 01010000H。

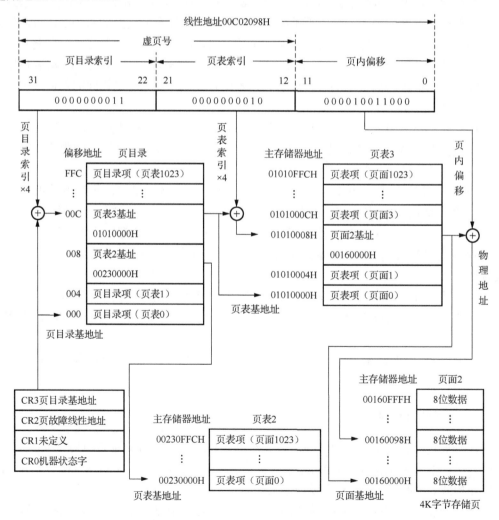

图 2.3.9 4K 字节分页转换机制示意图

（3）用线性地址中的 A21～A12 这 10 位页表索引，即 0000000010B（2 号页表项），乘以 4（每个页表项占 4 字节）得到页表 3 中页表项的偏移地址 008H，从 1024 个页表项中确定所访问的页表项 2，其包含了所要访问的物理页的起始地址 00160000H。

（4）以物理页的起始地址 00160000H 为基址，再加上线性地址的最低 12 位（A11～A0）页内偏移地址，即 000010011000B，就确定了所寻址的物理单元 00160098H。

例 2.3.5 画图说明，Pentium 使用 4M 字节分页机制时，线性地址 00C02098H 怎么经过分页机构被转换成物理地址（可根据例中给出的页目录和页表内容确定）。

说明：线性地址 00C02098H（0000000011 0000000010 000010011000B）转换过程示例如图 2.3.10 所示，其工作过程如下。

（1）4K 字节长的页目录存储在由 CR3 寄存器所指定的物理地址。

（2）用线性地址中的最高 10 位（A31～A22）页目录索引，即 0000000011B（3 号页目录项）乘以 4（每个页目录项占 4 字节）得到页目录中页目录项的偏移地址 00CH，从 1024 个页目录项中确定所访问的页目录项 3。图中此页目录项包含着所指向的页表 3 的起始地址 10800000H。

（3）以物理页的起始地址 10800000H 为页面基地址，再加上线性地址的最低 22 位（A21～A0）页内偏移地址，即 0000000010 000010011000B，得到所寻址的物理地址 10802098H。

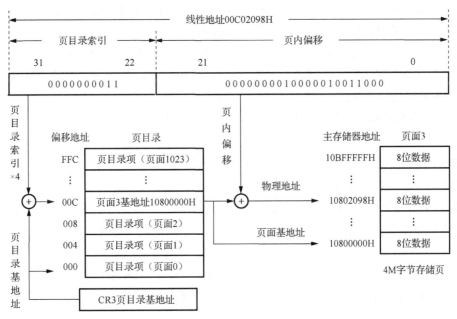

图 2.3.10 4M 字节分页转换机制示意图

2.3.5 段页式存储管理的寻址过程

在段页式存储管理中，要使用到段式存储管理部件和页式存储管理部件。首先将虚地址通过段式存储管理部件转换为线性地址，然后将线性地址通过页式存储管理部件转换为物理地址，其转换过程就是分段和分页两个过程的叠加。

在保护模式下，存储器具有分段不分页、分段分页、不分段分页三种管理模式，这三种模式的特点如下。

（1）分段不分页。此时，一个任务拥有的最大地址空间是 2^{14+32}=64T，由分段管理部件将二维虚地址（段选择符，偏移地址）转换成一维的 32 位线性地址，这个线性地址就是物理地址。不分页的好处是：不用访问页目录和页表，地址转换速度快。缺点是：大容量的段调入调出，比较耗时，主存储器管理相对粗糙，不够灵活。

（2）分段分页。由分段管理部件和分页管理部件共同管理，兼有两种存储管理的优点。

（3）不分段分页。此时分段管理部件不工作，分页管理部件工作。程序不提供段选择符，只用 32 位寄存器地址（作为线性地址），一个任务拥有的最大地址空间是 2^{32}=4G。纯分页的虚地址模式又称为平展地址模式，将虚拟存储器看成线性分页地址空间，具有更好的灵活性。

习 题

2.1 微型计算机中存储系统分为哪些层次，各层有什么作用和特点？

2.2 动态随机存储器有什么特点？为什么要刷新？

2.3 静态随机存储器有什么特点？什么情况适合使用静态存储器？

2.4 一个静态随机存储器芯片一般有哪些类型的引脚？一个 8K×8 的存储器芯片一般有几条数据线？几条地址线？

2.5 只读存储器有什么特点？有哪些类型？存储什么类型的信息适合使用只读存储器？

2.6 存储器芯片的片选（使能）引脚的作用是什么？

2.7 CPU 与存储器连接时主要应考虑哪些问题？

2.8 CPU 地址线一般怎么与存储器连接？

2.9 一个微型计算机的主存空间哪些部分适合使用 ROM？哪些空间适合使用 RAM？

2.10 选用合适的存储芯片和译码芯片，设计一个有 32K 字节的 ROM 和 16K 字节 RAM 的存储器系统，并把它与 8086 CPU（工作于最小模式）连接。要求支持对任意地址的字节和字的访问。

2.11 80x86 系列微处理器与存储器连接时，存储器采用分体结构有什么优缺点？Pentium 的引脚 $\overline{BE7} \sim \overline{BE0}$ 的作用是什么？

2.12 什么是高速缓存？计算机中设置 Cache 的作用是什么？能不能把 Cache 的容量扩大，最后取代主存储器？

2.13 简述 Cache 的工作原理及访问过程。

2.14　简述存储器访问的局部性原理。分析其在微型计算机系统设计中可能的应用。

2.15　Cache 地址映像解决的是什么问题？简述直接映像、全相联映像、组相联映像的基本过程。

2.16　Cache 替换算法解决的是什么问题？评价替换算法优劣的指标是什么？简述近期最少使用（LRU）算法、最不经常使用（LFU）算法、随机替换。

2.17　使用 Cache 时为什么会引起数据一致性问题？简述 Cache 一般使用哪些数据一致性技术？

2.18　简述虚拟存储器的含义，试在存储层次、功能、结构、信息传送单位、操作过程等方面对比虚拟存储器和 Cache 存储器。

2.19　简要说明虚拟存储器的工作原理。

2.20　虚拟存储器指的是主存储器-辅助存储器存储层次，它给用户提供了一个比实际_____空间大得多的_____空间。

2.21　Pentium 的描述符按段的性质分为哪几类？

2.22　描述符高速缓冲寄存器有什么作用？

2.23　Pentium 的虚拟地址有多少位二进制数？虚拟地址的两个组成部分分别叫什么名字？

2.24　Pentium 的保护机制有哪些措施？

2.25　在保护模式下，Pentium 的 4 个特权级是如何划分的？哪级最高？哪级最低？

2.26　简要说明描述符的组成及作用。

2.27　试说明数据段描述符与代码段描述符的异同。

2.28　IDTR、GDTR 和 LDTR 分别代表什么寄存器？其内容是什么信息？有什么作用？

2.29　Pentium 可进行段页式存储器管理。Pentium 的描述符为 8 字节，包括了段基址、段长和属性等信息（段基址 32 位、段长 20 位），其中有一个 G 位用于定义段长单位，G=0 定义该段的段长以字节为单位，G=1 定义该段的段长以页面为单位。针对Pentium，分析并回答以下问题：

（1）一个页面包含多少字节？其页面数据容量是否可变？如果可以改变，则简要说明改变的方法。

（2）当 G=0 时，该段的最大数据容量是多少字节？

（3）当 G=1 时，该段的最大数据容量是多少字节？

2.30　说明 CPL、RPL、DPL 的含义。

2.31　如果应用程序运行在特权级 3 级，它能调用哪一级的操作系统软件？为什么？

2.32　在保护模式下，控制转移有哪些情况？如何实现特权级变换？

2.33　简述 Pentium 通过 GDT 访问数据段的寻址过程（也可画图说明）。

2.34　简述 Pentium 通过 LDT 访问数据段的寻址过程（也可画图说明）。

2.35　说明段间直接控制转移的操作过程。

2.36　说明通过调用门进行过程调用的工作原理。

2.37　试说明 Pentium 页的转换过程。

2.38　简述页表的作用。

2.39　如果允许分页，Pentium 的地址空间可映射多少页？Pentium 的页有多大？

2.40　页转换所使用的线性地址的三个组成部分叫什么名字？

2.41　TLB 是什么？有什么作用？

2.42　说明段页式存储管理的寻址过程。

第 3 章 指令系统与汇编语言程序设计

3.1 汇编语言概述

程序在微型计算机中执行前必须按机器语言编码，用机器语言写出的程序称为机器代码，机器代码是二进制 0 和 1 的序列。汇编语言用字符记号代替机器指令的 0、1 序列，程序中每条指令可以用汇编语言的语句描述。一般每条指令分两部分——操作码和操作数，所以汇编语言的语句指定要完成何种操作和要处理的数据信息。用汇编语言编写的程序叫汇编语言源程序，或汇编语言源代码。

3.1.1 汇编语言程序设计基本过程

图 3.1.1 是汇编语言程序的建立及处理过程。

（1）用编辑程序建立扩展名为.ASM 的汇编语言源程序文件。

（2）用汇编程序 MASM 把.ASM 文件转换成扩展名为.OBJ 的目标代码文件。

（3）用链接程序 LINK 把.OBJ 文件转换成扩展名为.EXE 的可执行文件或再用 EXE2BIN 程序把.EXE 文件转换成扩展名为.COM 的命令文件。

（4）在操作系统下直接启动.EXE 文件或.COM 文件就可执行该程序。

图 3.1.1　汇编语言程序的建立及处理过程

3.1.2 汇编语言语句格式

汇编语言源程序实际上就是一个汇编语言语句的序列。汇编语言语句由 4 部分（又称 4 个字段）组成：

　　〔名字〕操作符　　操作数；〔注释〕

其中，方括号[　]的内容为可选项。程序中每条汇编语句之间以及一条汇编语句内的 4 个字段之间都必须用分隔符分隔。汇编程序规定使用如下的分隔符号：冒号是标号与指令之间的分隔符号，空格是名字与伪指令之间、操作符和操作数之间的分隔符号，逗号是操作数之间的分隔符号，分号是注释部分开始的分隔符号，回车是一条汇编语句的结束符号。

名字字段是按一定规则定义的标识符，一般是字母开头，包含字母、数字等符号的字符串，但不能为汇编语言中已定义的保留字、指令助记符、伪指令助记符、寄存器名等。操作符字段可以是指令、伪指令或宏指令的助记符。操作数字段用来指定参与操作的数据，它可以空缺，也可以由一个或多个常数、寄存器、标号、变量或表达式组成。注释字段用来说明一段程序、一条或几条指令的功能，其作用是增加程序的可读性。

3.2 指令的寻址方式

指令的寻址方式是指在指令中操作数的表示方式。

3.2.1 数据的寻址方式

Pentium 的数据有关的寻址方式有 11 种：立即寻址、寄存器寻址、直接寻址、寄存器间接寻址、基址变址寻址、寄存器相对寻址、相对基址变址寻址、比例变址寻址、基址比例变址寻址、相对基址比例变址寻址和相对比例变址寻址。其中，后 9 种寻址得到的数据在存储器中，总称为存储器寻址方式。

立即寻址方式的数据包含在本条指令代码中；寄存器寻址方式的数据在 CPU 的某个寄存器中，指令中给出的是寄存器编码（汇编语句中用寄存器名表示）。存储器寻址方式的数据在存储器中，称为存储器操作数。

对于存储器操作数，指令中直接或间接给出数据在存储器存放位置逻辑地址的偏移地址信息，又称为有效地址（effective address，EA），有效地址的计算方法为

$$EA=基址+(变址×比例因子)+位移量$$

式中，基址是存放在基址寄存器中的内容；变址是存放在变址寄存器中的内容；比例因子可为 1、2、4 或 8，位移量是一个地址量。Pentium 中，有效地址的表示有 9 种不同组合，如表 3.2.1 所示。

表 3.2.1 存储器寻址方式

寻址方式	基址	变址	比例因子	位移量	访问的存储器单元的有效地址
直接寻址				V	位移量
寄存器间接寻址	V*	V*			基址或变址寄存器的值
寄存器相对寻址	V*	V*		V	基址或变址寄存器的值+位移量
基址变址寻址	V	V			基址寄存器的值+变址寄存器的值
相对基址变址寻址	V	V		V	基址寄存器的值+变址寄存器的值+位移量
比例变址寻址		V	V		变址寄存器的值×比例因子
基址比例变址寻址	V	V	V		基址寄存器的值+变址寄存器的值×比例因子

续表

寻址方式	基址	变址	比例因子	位移量	访问的存储器单元的有效地址
相对基址比例变址寻址	V	V	V	V	基址寄存器的值+变址寄存器的值×比例因子+位移量
相对比例变址寻址		V	V	V	变址寄存器的值×比例因子+位移量

注：V 表示寻址方式具有这一项；V* 表示基址与变址任取一项且只取一项。

存储器寻址规定，使用寄存器 BP、EBP 和 ESP 参与寻址，则默认访问堆栈段 SS，其他情况默认访问数据段 DS。如果访问的段不符合这个默认段，那么地址表达式中必须明确写出有效地址所在的段，这种情况称为段超越。

表 3.2.2 给出了各种数据寻址方式应用示例。

表 3.2.2　数据寻址方式应用示例

寻址方式	指令举例	实现的功能及说明
立即寻址	MOV　BX,1234H	立即数 1234H 送寄存器 BX
立即寻址	MOV　BYTE　PTR [SI],12H	立即数 12H 送数据段由 SI 间接寻址的单元
寄存器寻址	MOV　AX,CX	寄存器 CX 送寄存器 AX
寄存器寻址	MOV　AH,DL	寄存器 DL 送寄存器 AH
存储器直接寻址	MOV　AL,[2000H]	数据段中地址 2000H 单元内容送 AL
寄存器间接寻址	MOV　AL,[BX]	数据段由 BX 间接寻址的存储单元内容送寄存器 AL
寄存器间接寻址	MOV　AX,SS:[SI]	堆栈段由 SI 间接寻址的存储单元内容送存储器 AX
寄存器相对寻址	MOV　CX, [BX+40H]	数据段中(BX)+40H 单元内容送 CX
基址变址寻址	MOV　AX, [BX+SI]	数据段由 BX、SI 基址变址寻址的存储单元内容送寄存器 AX
基址变址寻址	MOV　AX, [BP+SI]	堆栈段由 BP、SI 基址变址寻址的存储单元内容送寄存器 AX
相对基址变址寻址	MOV　DX, [BX+SI+10H]	数据段中(BX)+(SI)+10H 单元内容送 DX
比例变址寻址	MOV　EAX, [4×ECX]	将数据段中有效地址为 4×(ECX)的存储单元的双字数据传送到 32 位寄存器 EAX 中
基址比例变址寻址	MOV　AL, [EBX+2×EDI]	将数据段中有效地址为(EBX)+2×(EDI)的存储单元中 1 字节的数据传送到 8 位寄存器 AL 中
相对基址比例变址寻址	MOV　AL, [EBX+2×EDI-2]	将数据段中有效地址为(EBX)+2×(EDI)-2 的存储单元中的 1 字节的数据传送到 8 位寄存器 AL 中
相对比例变址寻址	MOV　EDX, [4×ECX+5]	将数据段中有效地址为(ECX)×4+5 的存储单元中的双字数据传送到 32 位寄存器 EDX 中

3.2.2　转移地址的寻址方式

转移地址的寻址方式有 4 种：段内相对寻址、段内间接寻址、段间直接寻址和段间间接寻址。转移地址的寻址方式应用示例如表 3.2.3 所示。

表 3.2.3 转移地址寻址方式应用示例

寻址方式	指令	实现的功能及说明
段内相对寻址	JMP NEAR PTR AA8	近转移，转移到本段标号 AA8
段内相对寻址	JMP SHORT AA9	短转移，转移到本段标号 AA9
段内间接寻址	JMP BX	转移到本段(BX)为偏移地址的单元
段内间接寻址	JMP WORD PTR[BX+100H]	转移到本段，由[(BX)+100]单元中的字数据为偏移地址的单元。其中 WORD PTR 为操作符，说明后面的是字类型数
段间直接寻址	JMP FAR PTR AA6	转移到其他段标号为 AA6 的地址，AA6 的段地址送 CS，偏移地址送 IP
段间间接寻址	JMP DWORD PTR [SI]	转移到 SI 间接寻址存储器单元中给出的地址，DWORD PTR 为双字操作符。数据段偏移地址(SI)指向的字送入 IP，(SI)+2 指向的字送入 CS

3.2.3 堆栈地址寻址

堆栈是以"先进后出"方式工作的一个特定的存储区。它的一端是固定的，称为栈底；另一端是浮动的数据出入口，称为栈顶。在 16 位指令模式下，堆栈段基址由 SS 给出，堆栈指针 SP 指示栈顶的偏移地址。在 32 位指令模式下，段寄存器 SS 存放段选择符，通过段选择符访问描述符，获取 32 位段基址。堆栈指针 ESP 指示栈顶的偏移地址。

80x86 系列微处理器规定，堆栈向小地址方向增长。压入数据时，先修改指针，再按照指针指示的单元存入数据；弹出时，先按照指针指示的单元取出数据，再修改指针。压入和弹出的数据类型（数据长度）不同，堆栈指针修改的数值不同，如堆栈压入一个字，则指针减小 2，压入一个双字，指针减小 4。

3.3 指 令 系 统

指令系统是一个 CPU 所有可执行指令的集合。Pentium 的指令主要包括数据传送指令、算术运算指令、BCD 码调整指令、逻辑运算指令、位处理指令、控制转移指令、串操作指令、处理器控制指令。

3.3.1 数据传送指令

数据传送指令的功能是把源操作数传送到目标寄存器或目标存储单元中。指令执行后，源操作数不变，不影响状态标志（标志寄存器传送指令除外）。基本数据传送指令如表 3.3.1 所示。

表 3.3.1　基本数据传送指令

指令	格式	功能和说明
MOV 传送指令	MOV　DST,SRC	功能：(DST)←(SRC)
PUSH 进栈指令	PUSH　SRC	功能：堆栈←(SRC)，操作数压入堆栈
POP 出栈指令	POP　DST	功能：(DST)←堆栈栈顶内容，操作数弹出堆栈
CBW 字节转换为字指令	CBW	功能：AL 中的符号位扩展到 AH，形成 AX 中的字
CWD 字转换为双字指令	CWD	功能：AX 中的符号位扩展到 DX，形成 DX:AX 中的双字
LEA 有效地址送寄存器指令	LEA　REG,SRC	功能：(REG)←(SRC)的有效地址
XLAT 换码指令	XLAT	功能：(AL)←[(BX)+(AL)]或(AL)←[(EBX)+(AL)]
IN 输入指令	IN A,PORT	功能：(AL)←(PORT)（字节） (AX)←(PORT+1, PORT)（字） (EAX)←(PORT+3, PORT+2, PORT+1, PORT)（双字）
OUT 输出指令	OUT　PORT,A	功能：(PORT)←(AL)（字节） (PORT+1, PORT)←(AX)（字） (PORT+3, PORT+2, PORT+1, PORT)←(EAX)（双字）

表 3.3.1 中，DST 表示目的操作数、SRC 表示源操作数。SRC 可以是立即数、寄存器或各种存储器类型操作数，DST 为寄存器或各种存储器类型操作数，SRC 和 DST 不能同时为存储器操作数。A 表示累加器 AL、AX 或 EAX。PORT 表示 I/O 端口，当用 8 位端口地址时，其可以是一个 8 位数，当用 16 位端口地址时，其为 DX，(DX)为 16 位端口地址。REG 为寄存器。加"( )"表示操作数中的内容。

当使用存储器操作数，如果不能根据指令格式确定数据类型（8 位字节类型、16 位字类型、32 位双字类型），要在操作数前加说明，BYTE PTR 表示字节类型，WORD PTR 表示字类型，DWORD PTR 表示双字类型。

表 3.3.2 给出了一些数据传送指令示例。

表 3.3.2　数据传送指令示例

功能	指令示例	说明
立即数送入寄存器	MOV　AL,12H	字节立即数 12H 送寄存器 AL
	MOV　BX,1234H	字立即数 1234H 送寄存器 BX
立即数送入存储单元	MOV　BYTE　PTR [1000H],20H	20H 送入有效地址 1000H 的字节单元
	MOV　WORD　PTR [BX],10H	0010H 送入 BX 间接寻址的字单元
AX 内容传送给段寄存器	MOV　DS,AX	(AX)送 DS。只有(AX)可以送各个段寄存器
寄存器内容送存储器单元	MOV　[BX],CX	(CX)送 BX 间接寻址的存储单元
堆栈入栈操作	PUSH　AX	(AX)压入堆栈
	PUSH　WORD　PTR [BX]	BX 间接寻址的字单元内容压入堆栈
	PUSH　DWORD　PTR [SI+8]	有效地址为(SI)+8 的双字单元内容压入堆栈

续表

功能	指令示例	说明
堆栈出栈操作	POP DX	堆栈栈顶内容弹出到 DX
	POP WORD PTR [SI]	堆栈栈顶内容弹出到 SI 间接寻址的字单元
	POP DWORD PTR [DI+8]	堆栈栈顶内容弹出到有效地址为(DI)+8 的双字单元
8 位端口输入、输出数据	IN AL,80H	从地址为 80H 的端口取 1 字节送 AL
	OUT 80H,AX	字(AX)送地址为 80H 的端口
16 位端口输入、输出数据	IN AL,DX	从地址为(DX)的端口取 1 字节送 AL
	OUT DX,AX	字(AX)送地址为(DX)的端口
存储器操作数送寄存器	MOV BX,[2000H]	有效地址 2000H（低字节）、2001H（高字节）存储单元的内容送 BX
存储器操作数有效地址送寄存器	LEA BX,[2000H]	有效地址 2000H 送寄存器 BX，既 2000H 送 BX

3.3.2　算术运算指令

　　Pentium 提供了一套二进制数的加、减、乘、除指令，其运算对象可以是 8 位、16 位、32 位的有符号数或无符号数，另外，还提供了若干十进制调整指令，使得运算对象可以是压缩的 BCD 码数或是非压缩的 BCD 码数。这类指令执行后会影响标志寄存器中的状态标志。基本算术运算指令如表 3.3.3 所示，其中 OPR 表示操作数。

表 3.3.3　基本算术运算指令

指令	格式	功能和说明
ADD（加法指令）	ADD DST,SRC	功能：(DST)←(SRC)+(DST)
ADC（带进位加法指令）	ADC DST,SRC	功能：(DST)←(SRC)+(DST)+CF
SUB（减法指令）	SUB DST,SRC	功能：(DST)←(DST)–(SRC)
SBB（带借位减法指令）	SBB DST,SRC	功能：(DST)←(DST)–(SRC)–CF
INC（加 1 指令）	INC OPR	功能：(OPR)←(OPR)+1
DEC（减 1 指令）	DEC OPR	功能：(OPR)←(OPR)–1
NEG（求补指令）	NEG OPR	功能：(OPR)←(OPR)取反加 1
CMP（比较指令）	CMP OPR1,OPR2	功能：(OPR1)–(OPR2) 说明：该指令与 SUB 指令一样执行减法操作，但结果不回送目的操作数，影响标志位
MUL（无符号数乘法指令）	MUL SRC	功能：字节乘(AX)←(AL)×(SRC) 字乘(DX:AX)←(AX)×(SRC) 双字乘(EDX:EAX)←(EAX)×(SRC)
IMUL（有符号数乘法指令）	IMUL SRC	功能：字节乘(AX)←(AL)×(SRC) 字乘(DX:AX)←(AX)×(SRC) 双字乘(EDX:EAX)←(EAX)×(SRC)
DIV（无符号数除法指令）	DIV SRC	功能：字节除(AL)←(AX) / (SRC)的商， (AH)←(AX) / (SRC)的余数 字除(AX)←(DX:AX) / (SRC)的商， (DX)←(DX:AX) / (SRC)的余数 双字除(EAX)←(EDX:EAX) / (SRC)的商， (EDX)←(EDX:EAX) / (SRC)的余数

续表

指令	格式	功能和说明
IDIV（有符号数除法指令）	IDIV　SRC	功能：与 DIV 指令相同 说明：与 DIV 相同，但除数、被除数和商值都是有符号补码数，余数和被除数的属性相同

表 3.3.4 给出了一些算术运算指令示例。

表 3.3.4　算术运算指令示例

功能要求	指令示例	说明
寄存器内容加、减立即数	ADD　AX,2000H	(AX)+2000H 送 AX
	SUB　BX,2000H	(BX)−2000H 送 BX
寄存器内容相加、减	ADD　BH,CL	(BH)+(CL)送 BH；两个寄存器应当类型相同
	SUB　CX,AX	(CX)+(AX)送 CX；两个寄存器应当类型相同
带进位、借位的加、减	ADC　AX,2000H	(AX)+2000H+CF 送 AX
	SBB　CX,AX	(CX)−(AX)−CF 送 CX
寄存器内容加 1、减 1	INC　CX	(CX)+1 送 CX
	DEC　BX	(BX)−1 送 BX
存储器单元内容加 1、减 1	INC　BYTE　PTR[BX]	BX 间接寻址的字节单元内容加 1
	DEC　WORD　PTR[BX]	BX 间接寻址的字单元内容减 1
比较寄存器与立即数的关系	CMP　AX,80H	(AX)−80H 并按照减法规则影响标志位；(AX)不变
累加器内容与操作数无符号相乘	MUL　BX	(AX)×(BX)的高位字存入 DX，低位字存入 AX
累加器内容无符号除操作数	DIV　CL	(AX) / (CL)的商存入 AL，余数存入 AH

例 3.3.1　说明下列指令执行的结果及标志位值。

```
MOV    DX,7408H
ADD    DX,0B809H
```

图 3.3.1 给出了执行上述指令时，标志位是如何改变的示意图。

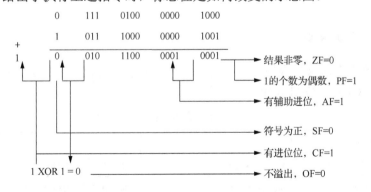

图 3.3.1　加法运算影响标志位示意图

3.3.3　BCD 码调整指令

Intel 80x86 表示十进制数的 BCD 码有压缩的 BCD 码和非压缩的 BCD 码两种格式。

压缩的 BCD 码，每 4 位二进制数表示一个十进制数位，每字节存两个 BCD 码。非压缩的 BCD 码，每字节用低 4 位表示 1 位 BCD 码，而高 4 位无意义。BCD 码调整指令如表 3.3.5 所示。

表 3.3.5　BCD 码调整指令

指令	格式	功能和说明
压缩 BCD 码加法调整指令	DAA	功能：如果 AL 的低 4 位大于 9 或 AF=1，则(AL)+6→(AL)和 1→AF； 如果 AL 的高 4 位大于 9 或 CF=1，则(AL)+60H→(AL)和 1→CF
压缩 BCD 码减法调整指令	DAS	功能：如果 AL 的低 4 位大于 9 或 AF=1，则(AL)−6→(AL)和 1→AF； 如果 AL 的高 4 位大于 9 或 CF=1，则(AL)−60H→(AL)和 1→CF
非压缩 BCD 码加法调整指令	AAA	功能：①如果 AL 的低 4 位小于等于 9，并且 AF=0，则转步骤③；②(AL)+6→AL，1→AF，(AH)+1→AH；③AL 高 4 位清 0；④AF→CF
非压缩 BCD 码减法调整指令	AAS	功能：①如果 AL 的低 4 位小于等于 9，并且 AF=0，则转步骤③；②(AL)−6→AL，1→AF，(AH)−1→AH；③AL 高 4 位清 0；④AF→CF
非压缩 BCD 码乘法调整指令	AAM	功能：(AL) / 0AH→(AH)，余数→(AL)
非压缩 BCD 码除法调整指令	AAD	功能：(AH)×10+(AL)→(AL)，0→(AH) 说明：先调整，后运算

例 3.3.2　说明下列程序段执行后 AL 及标志位 CF 的值。

```
MOV    AL,54H；54H 代表十进制数 54
MOV    BL,37H；37H 代表十进制数 37
ADD    AL, BL；AL 中的和为十六进制数 8BH
DAA    ；执行 DAA 指令后，(AL) =91H,AF=1,CF=0，91 为 54、37 的和。
```

例 3.3.3　说明下列程序段执行后 AL 及标志位 CF 的值。

```
MOV    AL,86H；86H 代表十进制数 86
MOV    BL,07H；07H 代表十进制数 07
SUB    AL, BL；AL 中的和为十六进制数 7FH
DAS    ；执行 DAS 指令后，(AL)=79H,AF=1,CF=0。79 为 86、07 的差。
```

3.3.4　逻辑运算指令

逻辑运算指令对操作数按位进行逻辑计算，影响标志位。逻辑运算指令如表 3.3.6 所示，其中，OPR1、OPR 是寄存器或存储器类型操作数。

表 3.3.6　逻辑运算指令

指令	格式	功能和说明
按位逻辑与运算指令	AND DST,SRC	功能：(DST)←(DST) ∧ (SRC)
按位逻辑或运算指令	OR DST,SRC	功能：(DST)←(DST) ∨ (SRC)
按位逻辑异或运算指令	XOR DST,SRC	功能：(DST)←(DST) ⊕ (SRC)
按位逻辑比较运算指令	TEST OPR1,OPR2	功能：(OPR1) ∧ (OPR2)，不改变，影响标志位
按位取反指令	NOT OPR	功能：把操作数 OPR 按位取反

例 3.3.4 说明下列指令执行后 AL 和标志位 ZF 的值。

```
MOV   AL,86H；86H 送 AL 寄存器
TEST  AL,80H；指令执行后（AL）为 86H，ZF=0
AND   AL,0FH；指令执行后 AL 寄存器为 06H，ZF=0
NOT   AL  ；指令执行后 AL 寄存器为 0F9H，ZF=0
```

例 3.3.5 说明下列指令执行后 AL 和标志位 ZF 的值。

```
MOV   AL,80H；80H 送 AL 寄存器
MOV   BL,06H；06H 送 AL 寄存器
OR    AL,BL ；指令执行后(AL)为 86H，ZF=0
```

3.3.5 位处理指令

位处理指令如表 3.3.7 所示，其中，OPR 是寄存器及各种存储器操作数，CNT 为移位次数，可以为 1 或 CX，为 1 表示移 1 位，为 CX 表示移(CX)位。

表 3.3.7 位处理指令

指令	格式	功能和说明
逻辑左移指令	SHL OPR,CNT	功能：图 3.3.2（a）
算术左移指令	SAL OPR,CNT	功能：图 3.3.2（a）
逻辑右移指令	SHR OPR,CNT	功能：图 3.3.2（b）
算术右移指令	SAR OPR,CNT	功能：图 3.3.2（c）
循环左移指令	ROL OPR,CNT	功能：图 3.3.2（d）
循环右移指令	ROR OPR,CNT	功能：图 3.3.2（e）
带进位循环左移指令	RCL OPR,CNT	功能：图 3.3.2（f）
带进位循环右移指令	RCR OPR,CNT	功能：图 3.3.2（g）

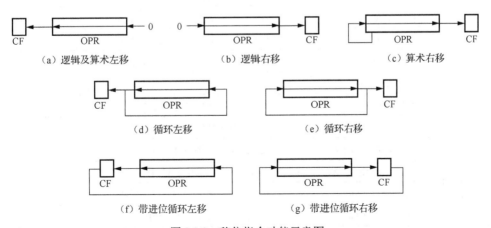

图 3.3.2 移位指令功能示意图

3.3.6 控制转移指令

控制转移指令按照转移的发生是否依赖条件，分为无条件转移指令和条件转移指令；按照是否跨段目标地址与本指令不在一个段，分为段内转移指令和段间转移指令；按照是直接为 IP 赋值还是对 IP 加一个修正量，分为绝对转移和相对转移。相对近转移修正量为字或双字，相对短转移修正量为字节。在 16 位指令模式，条件相对转移为短转移，在 32 位指令模式，条件相对转移还可以为近转移。在绝对转移指令中，OPR 表示目标地址，在相对转移指令中，OPR 表示修正量，但在汇编语言中，在目标语句有标号时可以写目标位置的标号。主要的控制转移指令如表 3.3.8 所示。

表 3.3.8　控制转移指令

指令	格式	功能和说明
无条件段内相对短转移指令	JMP SHORT OPR	功能：(IP)←(IP)+8 位位移量或(EIP)←(EIP)+8 位位移量
无条件段内相对近转移指令	JMP NEAR PTR OPR	功能：(IP)←(IP)+16 位位移量或(EIP)←(EIP)+32 位位移量
无条件段内间接转移指令	JMP OPR	功能：(IP)←(EA)或(EIP)←(EA) 说明：EA 由 OPR 的寻址方式确定。如果是寄存器，则把寄存器的内容送到 IP 或 EIP 寄存器中；如果是存储器中的一个字或双字，则把该存储单元的内容送到 IP 或 EIP 寄存器中
无条件段间直接转移指令	JMP FAR PTR OPR	功能：(IP/EIP)←OPR 的偏移地址，(CS)←OPR 所在段的段地址 说明：OPR 为一个逻辑地址，在汇编语言中往往是一个标号
无条件段间间接转移指令	JMP DWORD PTR OPR	功能：(IP/EIP)←[EA]，(CS)←[EA+2]/[EA+4] 说明：EA 由 OPR 确定的任何主存储器寻址方式
单条件相对转移指令	JZ/JE OPR	说明：ZF=1 转移(结果为零或相等转移)
	JNZ/JNE OPR	说明：ZF=0 转移(结果不为零或不相等转移)
	JS OPR	说明：SF=1 转移(结果为负转移)
	JNS OPR	说明：SF=0 转移(结果为正转移)
	JO OPR	说明：OF=1 转移(结果溢出转移)
	JNO OPR	说明：OF=0 转移(结果不溢出转移)
	JP/JPE OPR	说明：PF=1 转移(结果为偶转移)
	JNP/JPO OPR	说明：PF=0 转移(结果为奇转移)
	JC OPR	说明：CF=1 转移(有借位或有进位转移)
	JNC OPR	说明：CF=0 转移(无借位或无进位转移)
无符号数比较条件相对转移指令(A−B)	JB/JNAE/JC OPR	说明：CF=1 转移(A<B 转移)
	JAE/JNB/JNC OPR	说明：CF=0 转移(A≥B 转移)
	JBE/JNA OPR	说明：(CF∨ZF)=1 转移(A≤B 转移)
	JA/JNBE OPR	说明：(CF∨ZF)=0 转移(A>B 转移)

续表

指令	格式	功能和说明
有符号数比较条件相对转移指令 (A−B)	JL/JNGE OPR	说明：(SF⊕OF)=1 转移(A<B 转移)
	JGE/JNL OPR	说明：(SF⊕OF)=0 转移(A≥B 转移)
	JLE/JNG OPR	说明：((SF⊕OF)∨ZF)=1 转移(A≤B 转移)
	JG/JNLE OPR	说明：((SF⊕OF)∨ZF)=0 转移(A>B 转移)
LOOP 循环控制相对转移指令	LOOP OPR	功能：(CX/ECX)←(CX/ECX)−1；(CX/ECX)≠0 转移
LOOPZ / LOOPE 循环控制相对转移指令	LOOPZ/LOOPE OPR	功能：(CX/ECX)←(CX/ECX)−1；(CX/ECX)≠0 且 ZF=1 转移
LOOPNZ/LOOPNE 循环控制相对转移指令	LOOPNZ(或 LOOPNE) OPR	功能：(CX/ECX)←(CX/ECX)−1；(CX/ECX)≠0 且 ZF=0 转移
子程序段内相对调用指令	CALL DST 或 CALL NEAR PTR DST	功能：当操作数长度为 16 位时，(SP)−2→SP,(IP)→[SP], IP←(IP)+16 位位移量；当操作数长度为 32 位时，(ESP)−4→ESP,(EIP)→[ESP], EIP←(EIP)+32 位位移量
子程序段内间接调用指令	CALL DST	功能：当操作数长度为 16 位时，(SP)−2→SP, (IP)→[SP], (IP)←(EA)；当操作数长度为 32 位时，(ESP)−4→ESP, (EIP)→[ESP], (EIP)←(EA)
子程序段间直接调用指令	CALL DST	功能：当操作数长度为 16 位时，(SP)−2→SP, (CS)→[SP], (SP)−2→SP, (IP)→[SP], IP←DST 的偏移地址，CS←DST 所在段的段地址；当操作数长度为 32 位时，(ESP)−2→ESP, (CS)→[SP], (ESP)−4→ESP, (EIP)→[ESP], EIP←DST 的偏移地址，CS←DST 所在段的段地址
子程序段间间接调用指令	CALL DST	功能：当操作数长度为 16 位时，(SP)−2→SP, (CS)→[SP], (SP)−2→SP, (IP)→[SP], IP←(EA), CS←(EA+2)；当操作数长度为 32 位时，(ESP)−2→ESP, (CS)→[SP], (ESP)−4→ESP, (EIP)→[ESP], EIP←(EA), CS←(EA+4)
子程序段内返回指令	RET	功能：当操作数长度为 16 位时，IP←栈弹出 2 字节，(SP)+2→SP；当操作数长度为 32 位时，EIP←栈弹出 4 字节，(ESP)+4→ESP
子程序段内带参数返回指令	RET N	功能：当操作数长度为 16 位时，IP←栈弹出 2 字节，(SP)+2→SP, SP←(SP)+N；当操作数长度为 32 位时，EIP←栈弹出 4 字节，(ESP)+4→ESP, ESP←(ESP)+N
子程序段间返回指令	RET	功能：当操作数长度为 16 位时，IP←栈弹出 2 字节，(SP)+2→SP, CS←栈弹出 2 字节，(SP)+2→SP；当操作数长度为 32 位时，EIP←栈弹出 4 字节，(ESP)+4→ESP, CS←栈弹出 2 字节，(ESP)+2→ESP
子程序段间带参数返回指令	RET N	功能：当操作数长度为 16 位时，IP←栈弹出 2 字节，(SP)+2→SP；CS←栈弹出 2 字节，(SP)+2→SP, SP←(SP)+N；当操作数长度为 32 位时，EIP←栈弹出 4 字节，(ESP)+4→ESP, CS←栈弹出 2 字节，(ESP)+2→ESP, ESP←(ESP)+N
INT 中断指令	INT n	功能：① SP←(SP)−2；② PUSH (FR)；③ SP←(SP)−2；④ PUSH (CS)；⑤ SP←(SP)−2；⑥ PUSH(IP)；⑦ TF←0；⑧ IF←0；⑨ IP←[n×4]；⑩ CS←[n×4+2]

指令	格式	功能和说明
INT3 中断断点 指令	INT3	说明：产生类型为 3 的中断，该指令不影响标志位
INTO 溢出中断 指令	INTO	功能：处理过程同 INT n。若 OF=1，产生类型为 4 的中断；若 OF=0，顺序执行下条指令
IRET 中断返回 指令	IRET	功能：① IP←栈弹出 2 字节；② SP←(SP)+2；③ CS←栈弹出 2 字节；④ SP←(SP)+2；⑤ FR←栈弹出 2 字节；⑥ SP←(SP)+2

一些控制转移指令的示例如表 3.3.9 所示。

表 3.3.9　控制转移指令示例

功能要求	指令示例	说明
无条件转移到本段标号为 L 的指令	JMP　L	标号 L 处的指令与本转移指令在一个段
无条件转移到其他段标号为 L 的指令	JMP　L	标号 L 处的指令与本转移指令不在一个段
当进位位 CF 为 1 时转移到标号 L	JC　L	标号 L 与本指令必须在一个段，且为短转移
(AL)为无符号数，如果(AL)小于 80H 则转移到 L	CMP　AL, 80H JB　L	标号 L 与本指令必须在一个段，且为短转移
(AL)为有符号数，如果(AL)小于 40H 则转移到 L	CMP　AL, 40H JL　L	标号 L 与本指令必须在一个段，且为短转移
调用本段的子程序 SUBR1	CALL　SUBR1	子程序 SUBR1 与本指令在一个段
调用其他段的子程序 SUBR2	CALL　SUBR2	子程序 SUBR2 与本指令不在一个段 说明：如果调用的子程序与调用指令不在一个段，汇编过程按照段间调用指令生成代码
子程序返回	RET	如果 RET 指令在一个近类型的子程序中，则为段内返回，如果在一个远类型的子程序，则为段间返回

3.3.7　串操作指令

串操作指令处理连续存放在存储器中的一些字节、字或双字数据。串操作指令可分为串传送、串比较、串搜索、串装入、串存储和 I/O 串操作。

串操作指令中的源串和目的串的存储及寻址方式都有隐含规定，即通常以 DS：SI/ESI 来寻址源串，以 ES：DI/EDI 来寻址目的串。对于源串允许段超越前缀。SI/ESI 或 DI/EDI 这两个地址指针在每次串操作后，都自动进行修改，以指向串中下一个串元素。关于元素做这样的约定：在字节串中，1 字节就是一个元素；在字串中，2 字节为一个元素；在双字串中，4 字节为一个元素。地址指针修改是增量还是减量由方向标志位 DF 的状态来规定。当 DF 为 0 时，SI/ESI 及 DI/EDI 的修改为增量；当 DF 为 1 时，SI/ESI 及 DI/EDI 的修改为减量。根据串元素类型不同，地址指针增减量也不同，在串操作时，字节类型

SI、DI 加 1 或减 1；字类型 SI、DI 加 2 或减 2；双字类型 ESI、EDI 加 4 或减 4。如果需要连续进行串操作，通常加重复前缀。重复前缀可以和任何串操作指令组合，形成复合指令。

串操作指令如表 3.3.10 所示。

表 3.3.10　串操作指令

指令	格式	功能和说明
MOVS 串传送指令	MOVS DST,SRC	MOVSB(字节)；MOVSW(字)；MOVSD(双字)(自 386 起有) 功能：ES:[DI/EDI]←DS:[SI/ESI] 字节传送：(DI/EDI)←(DI/EDI)±1，(SI/ESI)←(SI/ESI)±1 字传送：(DI/EDI)←(DI/EDI)±2，(SI/ESI)←(SI/ESI)±2 双字传送：(DI/EDI)←(DI/EDI)±4，(SI/ESI)←(SI/ESI)±4
LODS 串转入指令	LODS SRC	LODSB(字节)；LODSW(字)；LODSD(双字)(自 386 起有) 功能：字节装入，AL←DS:[SI/ESI]，(SI/ESI)←(SI/ESI)±1 字装入：AX←DS:[SI/ESI]，(SI/ESI)←(SI/ESI)±2 双字装入：EAX←DS:[SI/ESI]，(SI/ESI)←(SI/ESI)±4
STOS 串存储指令	STOS DST	STOSB(字节)；STOSW(字)；STOSD(双字)(自 386 起有) 功能：字节存储，ES:[DI/EDI]←AL，(DI/EDI)←(DI/EDI)±1 字存储：ES:[DI/EDI]←AX，(DI/EDI)←(DI/EDI)±2 双字存储：ES:[DI/EDI]←EAX，(DI/EDI)←(DI/EDI)±4
CMPS 串比较指令	CMPS DST,SRC	CMPSB(字节)；CMPSW(字)；CMPSD(双字)(自 386 起有) 功能：DS:[SI/ESI]−ES:[DI/EDI] 字节比较：(DI/EDI)←(DI/EDI)±1，(SI/ESI)←(SI/ESI)±1 字比较：(DI/EDI)←(DI/EDI)±2，(SI/ESI)←(SI/ESI)±2 双字比较：(DI/EDI)←(DI/EDI)±4，(SI/ESI)←(SI/ESI)±4
SCAS 串扫描指令	SCAS DST	SCASB(字节)；SCASW(字)；SCASD(双字)(自 386 起有) 功能：字节扫描，(AL)−ES:[DI/EDI]，(DI/EDI)←(DI/EDI)±1 字扫描：(AX)−ES:[DI/EDI]，(DI/EDI)←(DI/EDI)±2 双字扫描：(EAX)−ES:[DI/EDI]，(DI/EDI)←(DI/EDI)±4
INS 串输入指令	INS DST,DX	INSB(字节)；INSW(字)(自 286 起有)；INSD(双字)(自 386 起有) 功能：ES:[DI/EDI]←[DX] 字节输入：(DI/EDI)←(DI/EDI)±1 字输入：(DI/EDI)←(DI/EDI)±2 双字输入：(DI/EDI)←(DI/EDI)±4
OUTS 串输出指令	OUTS DX,SRC	OUTSB(字节)；OUTSW(字)(自 286 起有)；OUTSD(双字)(自 386 起有) 功能：[DX]←DS:[SI/ESI] 字节输出：(SI/ESI)←(SI/ESI)±1 字输出：(SI/ESI)←(SI/ESI)±2 双字输出：(SI/ESI)←(SI/ESI)±4
REP 计数重复串操作指令	REP OPR	功能：①如果(CX)=0，则退出 REP，否则往下执行；②(CX)←(CX)−1；③执行其后的串指令；④重复①～③。 说明：其中 OPR 可以是 MOVS、STOS、LODS、INS 和 OUTS 指令

指令	格式	功能和说明
REPZ 计数相等重复串操作指令	REPZ/REPE OPR	功能：①如果(CX)=0 或 ZF=0（两数不等），则退出 REPZ，否则往下执行；②(CX)←(CX)-1；③ 执行其后的串指令；④ 重复①~③。 说明：其中 OPR 可以是 CMPS 和 SCAS 指令
REPNZ 计数不相等重复串操作指令	REPNZ/REPNE　OPR	功能：除退出条件为(CX)=0 或 ZF=1（比较的两数相等）外，其他功能与 REPZ 完全相同

3.3.8　处理器控制指令

处理器控制指令如表 3.3.11 所示。

表 3.3.11　处理器控制指令

指令类别	指令	格式	功能和说明
标志处理指令	进位位置 0 指令	CLC	功能：CF←0
	进位位取反指令	CMC	功能：CF←$\overline{CF}$
	进位位置 1 指令	STC	功能：CF←1
	方向标志位置 0 指令	CLD	功能：DF←0
	方向标志位置 1 指令	STD	功能：DF←1
	允许中断标志置 0 指令	CLI	功能：IF←0
	允许中断标志置 1 指令	STI	功能：IF←1
处理器控制指令	暂停指令	HLT	暂停指令停止软件的执行
	无操作指令	NOP	该指令不执行任何操作
	换码指令	ESC	ESC 指令用来指定由协处理器执行的指令
	等待指令	WAIT	该指令使处理机处于空转状态，它也可以用来等待外部中断发生，但中断结束后仍返回 WAIT 指令继续等待
	封锁指令	LOCK	这是一条前缀指令。带有此前缀的指令执行后，CPU 发出总线锁存信号以禁止其他总线主设备访问总线

3.4　伪　指　令

3.4.1　伪指令概述

伪指令又称为伪操作，它们不像机器指令那样是在程序运行期间由计算机来执行的，而是在汇编程序对源程序编译期间由汇编程序处理的操作，它们可以完成如处理器选择、定义程序模式、定义数据、分配存储区、指示程序结束等功能。

MASM5.0 一些常用伪指令如表 3.4.1 所示。

表 3.4.1　MASM5.0 一些常用伪指令

伪指令	格式及说明
源程序结束伪指令	格式：　END　　　[标号] 说明：　源程序文件到此为止，其后语句不予汇编。其中标号指示程序开始执行的起始地址。若无标号，代码段的第一条指令的地址为程序开始执行的起始地址
段定义伪操作	格式：　段名 SEGMENT [定位类型] [组合类型] [字长类型] ['类别'] 　　　　…… 　　　　段名 ENDS 说明：指出段名及段的各种属性，并表示段的开始和结束位置。SEGMENT 和 END 伪指令必须成对出现，而且伪指令前面的段名也要相同，段名是用户定义段的标识符，用于指明段基址 　　　定位类型用于指定该段起始地址边界值的类型。可以取 BYTE、WORD、DWORD、PARA、PAGE，分别对应段起始地址为 1、2、4、16、256 的倍数，定位类型的缺省项是 PARA 　　　组合类型用来告诉链接程序 LINK，本段与其他模块中同名段的组合连接关系。可以为 PUBLIC（不同模块中具有该类型且相同段名的段连接到同一物理存储段中）、STACK（该段在连接后的段为堆栈段，如果在定义堆栈时没有将其说明为 STACK 类型，就需要在程序中用指令给堆栈段寄存器 SS、堆栈指针寄存 SP 置值，这时链接程序 LINK 会给出一个警告信息）、COMMON（该段在连接时与其他模块中同类型且同名的段具有相同的起始地址，即产生一个覆盖段）、MEMORY（与 PUBLIC 类型相容）、PRIVATE（该段为独立段，连接时将不与其他模块中的同名段和并），组合类型的缺省项为 PRIVATE 　　　字长类型只适用于 386 及其后继机型，它用来说明使用 16 位寻址方式还是 32 位寻址方式。可以为 USE16（使用 16 位寻址方式）、USE32（使用 32 位寻址方式） 　　　类别是用单引号括起来的字符串。链接程序在连接时会把类别相同的所有段（它们可能不同名）放在连续的存储器区域中。其中，先出现的在前，后出现的在后。有 4 种可供选择的类别：DATA（数据段）、CODE（代码段）、STACK（堆栈段）、EXTRA（附加数据段） 　　　"……" 部分为段中的语句序列
段分配伪指令	格式：　ASSUME　段寄存器名：段名，段寄存器名：段名，…… 说明：　ASSUME 伪指令就是用来设定汇编语言源程序中各实际段与各段寄存器之间的关系。汇编程序用这一信息检查程序中使用的变量和标号是否可以通过段寄存器来寻址，但没有给各段寄存器装入实际的值，因此，在代码段中，还必须把段地址用指令（MOV 指令）装入到相应的段寄存器 SS、DS、ES、FS 和 GS 中，但代码段 CS 的值由系统自动装入
地址计数器设置伪指令	格式：　ORG　数值表达式 说明：　将地址计数器设置为数值表达式的值
数据定义伪指令	格式：　[变量名]　操作符　操作数，操作数 说明：　为操作数分配存储单元，并用变量与存储单元相联系。变量名是可选项。操作数可以是常数、表达式、字符串、? 等，"?" 表示只留存储单元位置不赋值。操作符定义操作数类型的，操作符如下。 DB：一个操作数占有 1 个字节单元（8 位），定义的变量为字节类型变量 DW：一个操作数占有 1 个字单元（16 位），定义的变量为字类型变量 DD：一个操作数占有 1 个双字单元（32 位），定义的变量为双字类型变量 DF：一个操作数占有 1 个三字单元（48 位），定义的变量为三字类型变量 DQ：一个操作数占有 1 个四字单元（64 位），定义的变量为四字类型变量 DT：一个操作数占有 1 个五字单元（80 位），定义的变量为五字类型变量

伪指令	格式及说明
过程定义伪指令	格式：　过程名　PROC　［属性］ 　　　　　······（过程体） 　　　　　过程名　ENDP 说明：PROC 和 ENDP 伪指令是一对语句括号，伪指令前面的过程名也要相同，过程名是该过程（子程序）的入口。属性可以选 FAR（远调用或称段间调用）或选 NEAR（近调用或称段内调用），如果缺省则为 NEAR。汇编程序在汇编时将根据过程的属性性生成远调用、近调用和远返回、近返回的目标指令代码
赋值伪指令	格式：　符号常数名　EQU　表达式 说明：将表达式的值赋给符号常数。表达式可以是有效的操作数格式，也可以是任何可求出数值常数的表达式，还可以是任何有效的符号（如操作符、寄存器名、变量名等）。注意，该伪指令定义的一个符号常数名在程序中只能定义一次
＝伪指令	格式：　符号常数名　＝　表达式 说明：将表达式的值赋给符号常数。该伪指令定义的一个符号常数名在程序中可重复定义多次

3.4.2　伪指令应用例

　　例 3.4.1　设置一个代码段和从偶地址开始的数据段及堆栈段。

```
; 数据段定义
DATAS   SEGMENT WORD 'DATA'         ; 数据段 DATAS 定义开始
        ......                      ; 一些数据定义伪指令
DATAS   ENDS                        ; 数据段 DATAS 定义结束
; 堆栈段定义
STACKS SEGMENT WORD 'STACK'         ; 堆栈段定义开始
        DW 100 DUP(? )              ; 堆栈空间为 100 字节
STACKS  ENDS                        ; 堆栈段定义结束
; 代码断定义
CODES   SEGMENT                     ; 段定义开始
        ASSUME  CS：CODES, DS：DATAS, SS：STACKS
START：MOV    AX, DATAS             ; 定义了标号 START
        MOV    DS, AX               ; 设置 DS 的值
        ......
LEXAM：NOP                          ; 定义了标号 LEXAM
        ......
        MOV    AH,4CH               ; 返回
        INT    21H
CODES   ENDS
        END    START                ; 设置从 START 标号位置开始执行
```

　　例 3.4.2　利用数据定义伪指令进行存储器分配。

　　表 3.4.2 给出了利用典型数据定义伪指令分配内存的一些示例。

表 3.4.2　数据定义伪指令示例

语句	说明	变量名	偏移地址	存储单元内容
ORG 200H	以下语句从当前段偏移位置 200H 分配存储单元			
DATA1 DB 12H,2+6,34H	定义字节型变量 DATA1，为其分配存储单元，并按照数据列表设置初始值	DATA1	200H	12H
			201H	08H
			202H	34H
DATA2 DW 789AH	定义字型变量 DATA2，为其分配存储单元，并按照数据列表设置初始值	DATA2	203H	9AH
			204H	78H
DATA3 DD 12345678H	定义双字型变量 DATA3，为其分配存储单元，并按照数据列表设置初始值	DATA3	205H	78H
			206H	56H
			207H	34H
			208H	12H
DB 'abcd'	为字符串分配字符型存储单元，并按照数据列表中字符的 ASCII 设置初始值		209H	61H
			20AH	62H
			20BH	63H
			20CH	64H
DATA4 DB 'AB'	定义字节型变量 DATA4，为字符串分配字符型存储单元，并按照数据列表中字符的 ASCII 设置初始值	DATA4	20DH	41H
			20EH	42H
ORG 400H	以下语句从当前段偏移位置 400H 分配存储单元			
DATA5 DB 1,2,?,4	定义字节型变量 DATA5，为其分配存储单元，并按照数据列表设置初始值。"？"项只按照数据类型保留存储单元	DATA5	400H	01H
			401H	02H
			402H	（即保留原值）
			403H	04H
DW 5,?,6	为数据表中各个数据分配字类型存储单元，并按照数据列表设置初始值		404H	05H
			405H	00H
			406H	（即保留原值）
			407H	（即保留原值）
			408H	06H
			409H	00H
DATA6 DB 2 DUP(12H,34H,56H)	定义字节型变量 DATA6，为其分配存储单元，并按照数据列表设置初始值。"DUP"表示重复分配存储单元，其前面的数字表示为其后()中的数据分配的次数	DATA1	40AH	12H
			40BH	34H
			40CH	56H
			40DH	12H
			40EH	34H
			40FH	56H

3.5　汇编语句中的操作数

汇编语句中操作数可以是常数、寄存器、标号、变量或表达式。

3.5.1　常数、寄存器、标号及变量

常数主要用作指令中的直接操作数，也可作为存储变量操作数的组成部分，或者在伪指令中用于给变量赋初值。常数可以以数值形式直接写在汇编语言的语句中，也可以为它定义一个名字，然后在语句中用名字表示该常数，前者称为数值常数，后者称为符号常数。

数值常数可以是二进制数、八进制数、十进制数和十六进制数，分别在数的后面加 B、Q、D、H 来表示。

包括在单引号中的若干个字符形成字符串常数，字符串存储的是相应字符的 ASCII 码。

符号常数可以用 EQU 等伪指令定义一个名字（符号）代表某个常数，这个名字称为符号常数。

寄存器操作数通过寄存器名引用。

数据定义伪指令前面的名字字段，就是一个变量。

可以在一个指令前面加一个名字字段，并与指令之间用冒号分隔，这个名字称为标号。

3.5.2　表达式

表达式是常数、寄存器、标号、变量及其与一些运算符相组合的序列，有数字表达式和地址表达式两种形式。

标号有三种属性：①**段属性**。标号的段属性是标号所在段的段地址。②**偏移属性**。标号的偏移属性就是标号的偏移地址，它是从段起始地址到定义标号的位置的字节数。③**类型属性**。用来指出该标号是在本段内引用还是在段间引用。如在段内引用，则类型属性为 NEAR；如在段间引用，则类型属性为 FAR。

变量有五种属性：①**段属性**。变量的段属性定义该变量所在段的段地址。②**偏移属性**。变量的偏移属性就是变量的偏移地址，偏移地址是从段的起始地址到定义该变量的位置的字节数。③**类型属性**。变量的类型属性定义该变量一个数据的字节数。④**长度属性**。变量的长度属性表示该变量在数据区中的单元数。⑤**字节数属性**。变量的字节数属性表示该变量在数据区中分配给该变量的字节数。

在汇编期间，汇编程序按照一定的优先规则对表达式进行计算后可得到一个数值或一个地址。常用运算符的说明如表 3.5.1 所示。

表 3.5.1　运算符

运算		运算符	说明
算术运算	加	+	两操作数算术相加
	减	−	两操作数算术相减
	乘	*	两操作数算术相乘
	除	/	两操作数算术相除
	取余	MOD	两操作数取余
返回值运算	变量或标号的段地址	SEG	格式：SEG　变量/标号 结果为变量/标号对应存储器地址所在段的段地址值
	变量或标号的偏移地址	OFFSET	格式：OFFSET　变量/标号 结果为变量/标号对应存储器地址所在段中的偏移地址值
	变量或标号的类型值	TYPE	格式：TYPE　变量/标号 结果为变量/标号类型的值。如果是变量，则汇编程序将根据变量对应的数据定义伪指令回送类型值（即变量类型代表的字节数）：DB（字节）为 1、DW（字）为 2、DD（双字）为 4、DF（3 字）为 6、DQ（4 字）为 8、DT（5 字）为 10。如果是标号，则汇编程序将回送代表该标号类型的数值：NEAR 为-1、FAR 为-2
	变量的单元数	LENGTH	格式：LENGTH　变量 结果为变量所在语句第一个数占用的单元数。对于变量中使用 DUP 的情况，结果为该变量的单元数（按类型 TYPE 算），其他情况则均送 1
	变量的字节数	SIZE	格式 SIZE　变量 结果为变量所在语句第一个数占用的字节数赋给操作数
属性运算	临时改变类型属性	PTR	格式：类型 PTR 变量/标号 将 PTR 前面的类型临时赋给变量/标号，而原有段属性和偏移属性保持不变，其本身并不分配存储单元。对于变量，可以指定的类型是字节（BYTE）、字（WORD）、双字（DWORD）、三字（FWORD）、四字（QWORD）、五字（TBYTE）；对于标号，可以指定的类型是段内引用型［也称为近类型（NEAR）］、段间引用型［也称为远类型（FAR）］
	指定类型属性	THIS	格式：变量/标号 EQU THIS 类型 将变量或标号定义成指定的类型。THIS 指定的变量或标号本身并不分配存储单元，它与紧跟其后的变量或标号只有类型不同，而段地址和偏移地址均相同。该指令可以指定的类型与 PTR 相同
	定义类型属性	LABEL	格式：变量/标号 LABEL 类型 将变量或标号定义成指定的类型。LABEL 指定的变量或标号本身并不分配存储单元，它与紧跟其后的变量或标号只有类型不同，而段地址和偏移地址均相同，从而便于程序设计。该指令可以指定的类型与 PTR 相同

例 3.5.1　返回值运算符应用举例。

```
DATA    SEGMENT
        ORG     3000H
AA1     DW      100 DUP(0)
BB1     DW      1,2
CC1     DB      'ABCD'
DATA    ENDS
```

```
CODE    SEGMENT
        ASSUME    CS:CODE,DS:DATA
HH1:    MOV       AX,DATA            ; 全等于 MOV AX,"数据段地址"
        MOV       DS,AX
        MOV       AX,TYPE BB1        ; 全等于 MOV AX,2
        MOV       BX,OFFSET AA1      ; 全等于 MOV BX,3000H
        MOV       CL,TYPE AA1        ; 全等于 MOV CL,2
        MOV       CH,TYPE CC1        ; 全等于 MOV CH,1
        MOV       DX,LENGTH AA1      ; 全等于 MOV DX,100
        MOV       AX,SIZE AA1        ; 全等于 MOV AX,200
        MOV       DX,LENGTH BB1      ; 全等于 MOV DX,1
        MOV       AX,SIZE BB1        ; 全等于 MOV AX,2
        MOV       DX,LENGTH CC1      ; 全等于 MOV DX,1
        MOV       AX,SIZE CC1        ; 全等于 MOV AX,1
        ……
        MOV       AH,4CH
        INT       21H
CODE    ENDS
        END       HH1
```

例 3.5.2 属性运算符应用举例。

```
DATA1   DW    1234H,5678H
DATA2   DB    99H,88H,77H,66H
DATA3   EQU   BYTE PTR DATA1     ; DATA1 与 DATA3 具有相同的段地址和
                                 ; 偏移地址, 但它们的类型值分别为 2、1
        MOV AX, WORD PTR DATA2   ; 若无 WORD PTR 则类型错误
        MOV BL, BYTE PTR DATA1   ; 34H→(BL)若无 BYTE PTR 则类型错误
        MOV BL,DATA3             ; 34H→(BL) 类型正确
        MOV DX,DATA1+2           ; 5678H→(DX)
        MOV BYTE PTR [BX],8      ; 存入字节单元
        MOV WORD PTR [BX],8      ; 存入字单元
```

例 3.5.3 THIS 运算符应用举例。

```
DATA1   EQU THIS BYTE
DATA2   DW 1234H,5678H          ; DATA1 与 DATA2 具有相同的段地址和偏移地址,
                                ; 但它们的类型值分别为 1、2
        MOV AX,DATA2            ; 1234H→(AX)
        MOV BL,DATA1            ; 34H→(BL)
        MOV BH,DATA1+1          ; 12H→(BH)
AA1     EQU THIS FAR
AA2:    MOV   AX,100H           ; AA1 与 AA2 具有相同的段地址和偏移地址,
                                ; 但它们的类型值分别为 FAR、NEAR
```

3.6　汇编语言程序设计

汇编语言是面向过程的计算机语言，其一般设计步骤如下。

（1）描述问题。

使用文本、模型描述语言或数学模型等全面准确描述要解决的问题以及约束条件。

（2）确定算法。

把问题的解决方法或过程用有限的步骤描述出来。

（3）绘制流程图。

按照计算机程序流程图规范，根据算法和汇编语言特点，画出流程图。

（4）分配存储空间和工作单元。

把需要处理的数据合理地分配到存储器单元和寄存器中，根据程序的需求设置堆栈空间。确定过程之间传递参数的方式及使用的寄存器、存储单元。

（5）编写程序。

选用合适的指令及程序结构，按流程图编写程序。

（6）上机调试。

从结构上，汇编语言程序有顺序、分支、循环和子程序四种基本形式。顺序结构程序是指完全按顺序逐条执行的指令序列，这种结构是一些操作步骤的简单排列。

3.6.1　分支程序设计

分支程序就是根据不同的情况或条件执行不同功能的程序，它具有判断和转移功能，在程序中利用条件转移指令对运算结果的状态标志进行判断以实现转移。分支程序结构有两种基本形式，即二路分支结构和多路分支结构。常用的多路分支程序设计有三种方法，即逻辑分解法、地址表法和段内转移表法。

例 3.6.1　二路分支程序设计示例。

有一函数，任意给定自变量 X 值（$-128 \leqslant X \leqslant 127$），当 $X \geqslant 0$ 时函数值 $Y=1$、当 $X<0$ 时 $Y=-1$。设给定的 X 值存入变量 XX1 单元，函数 Y 值存入变量 YY1 单元。求函数 Y 值的程序如下所示：

```
DATA    SEGMENT
XX1     DB  X
YY1     DB  ?
DATA    ENDS
CODE    SEGMENT
        ASSUME CS:CODE,DS:DATA
START:  MOV     AX,DATA
        MOV     DS,AX
```

```
        MOV     AL,XX1
        CMP     AL,0
        JNS     AA2
        MOV     AL,0
        JMP     AA1
AA2:    MOV     AL,1
AA1:    MOV     YY1,AL
        MOV     AH,4CH
        INT     21H
CODE    ENDS
        END     START
```

例 3.6.2 多路分支程序设计示例。

某工厂有 5 种产品的加工程序 1～5 分别存放在以 WORK1,WORK2,…,WORK5 为首地址的存储器区域中,通过键盘输入 1 运行 WORK1 为首地址的程序,输入 2 运行 WORK2 为首地址的程序, 依此类推。下面用不同方法编制其程序。

（1）逻辑分解法。

```
CODE    SEGMENT
        ASSUME  CS:CODE
START:  MOV     AH,1
        INT     21H
        CMP     AL,31H
        JZ      WORK1
        CMP     AL,32H
        JZ      WORK2
        CMP     AL,33H
        JZ      WORK3
        CMP     AL,34H
        JZ      WORK4
        CMP     AL,35H
        JZ      WORK5
        JMP     WORK0
WORK1:  ……
        ……
WORK2:  ……
        ……
WORK3:  ……
        ……
WORK4:  ……
        ……
```

```
WORK5： ……
        ……
WORK0： MOV      AH,4CH
        INT      21H
CODE    ENDS
        END      START
```

（2）地址表法。

地址表中每个地址占用 2 字节，其表地址为

$$表地址=表首地址+(键号-1)\times2$$

```
DATA    SEGMENT
TABLE   DW WORK1,WORK2,WORK3,WORK4,WORK5；地址表
DATA    ENDS
CODE    SEGMENT
        ASSUME CS:CODE,DS:DATA
START： MOV      AX,DATA
        MOV      DS,AX
        LEA      BX,TABLE
        MOV      AH,1
        INT      21H
        AND      AL,0FH
        DEC      AL                 ；键号减 1
        ADD      AL,AL              ；键号乘 2
        SUB      AH,AH
        ADD      BX,AX              ；形成表地址
        JMP      WORD PTR[BX]       ；转移
WORK1： ……
        ……
WORK2： ……
        ……
WORK3： ……
        ……
WORK4： ……
        ……
WORK5： ……
        ……
        MOV      AH,4CH
        INT      21H
CODE    ENDS
        END      START
```

（3）段内转移表法。

段内短转移表中每条段内短转移指令占用 2 字节，其表地址为

$$表地址=表首地址+(键号-1)\times2$$

段内近转移表中每条段内近转移指令占用 3 字节，其表地址为

$$表地址=表首地址+(键号-1)\times3$$

段内近转移表法程序如下所示：

```
CODE    SEGMENT
        ASSUME CS:CODE
START:  LEA     BX,WORK          ; 转移表首地址送 BX
        MOV     AH,1
        INT     21H
        AND     AL,0FH
        DEC     AL               ; 键号减 1
        MOV     AH,AL
        ADD     AL,AL            ; 键号乘 2
        ADD     AL,AH            ; 键号乘 3
        SUB     AH,AH
        ADD     BX,AX
        JMP     BX
WORK:   JMP     NEAT PTR WORK1   ; 转移表
        JMP     NEAT PTR WORK2
        JMP     NEAT PTR WORK3
        JMP     NEAT PTR WORK4
        JMP     NEAT PTR WORK5
WORK1:  ……
        ……
WORK2:  ……
        ……
WORK3:  ……
        ……
WORK4:  ……
        ……
WORK5:  ……
        ……
        MOV     AH,4CH
        INT     21H
CODE    ENDS
        END     START
```

3.6.2 循环程序设计

下面以实例来说明循环程序的设计方法及不同循环结构的编程特点。

例 3.6.3 计数控制循环程序设计示例。

某个数据段中，偏移地址 1000H 单元开始连续存放 255 个 8 位无符号整数 x_1, x_2, …, x_{254}, x_{255}。试写程序求这些数据的和，并将其存入 SUM1 单元中。

8 位无符号数在 0～255 之间，255 个数的和一定是一个不超过 16 位二进制的数，所以存放和的单元取字单元。求和运算采取 16 位累加求和方式，即先 0 送 DH，AX 为累加和，将存储器的数取入 DL，然后进行 AX 与 DX 相加。

因该例是对 255 个数相加求和，则取 255 为计数控制循环条件。

```
DATA      SEGMENT
          ORG 1000H
NUMBER1   DB  x₁,x₂,…,x₂₅₄,x₂₅₅
SUM1      DW  ?
DATA      ENDS
CODE      SEGMENT
          ASSUME CS:CODE,DS:DATA
START:    MOV   AX,DATA
          MOV   DS,AX
          LEA   BX,NUMBER1
          MOV   AX,0
          MOV   DH,0
          MOV   CL,255        ；计数初值
AA1:      MOV   DL,[BX]        ；取数
          ADD   AX,DX          ；求和
          INC   BX            ；修改地址指针
          SUB   CL,1          ；计数
          JNZ   AA1           ；判转
          MOV   SUM1,AX        ；存和
          MOV   AH,4CH
          INT   21H
CODE      ENDS
          END START
```

3.6.3 子程序设计

1. 子程序的定义

子程序由子程序定义（即子程序入口）、保护现场、取入口参数、子程序体、存出口参数、恢复现场和返回 7 部分组成，其结构形式如图 3.6.1 所示。

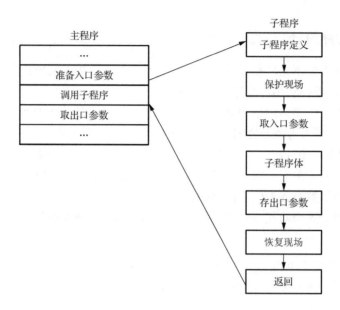

图 3.6.1　子程序的结构形式

子程序是通过过程定义伪指令 PROC～ENDP 来定义的。过程定义伪指令用在过程
（子程序）的前后，使整个过程形成清晰的、具有特定功能的代码块。其格式为

```
过程名    PROC    属性
          ……
过程名    ENDP
```

其中过程名为标识符，它也是子程序入口的符号地址。它的写法和标号的写法相同。
属性是指类型属性，它可以是 **NEAR** 或 **FAR**。

2. 现场的保护与恢复

保护现场和恢复现场一般在子程序中完成。在子程序中进行现场保护和现场恢复通
常采用下述方法：利用栈指令进行现场的保护与恢复，利用数据传送指令进行现场的保
护与恢复。

例 3.6.4　利用栈指令进行现场的保护与恢复的子程序结构。

```
SUB4    PROC    NEAR
        PUSH    AX
        PUSH    BX
        PUSH    CX
        PUSH    DX
        ……          ；子程序体
        POP     DX
        POP     CX
        POP     BX
```

```
            POP      AX
            RET
SUB4    ENDP
```

例 3.6.5　利用数据传送指令进行现场的保护与恢复的子程序结构。

```
DATA    SEGMENT
BUFFER  DW  4  DUP(?)
        ……
DATA    ENDS
CODE    SEGMENT
        ……
SUB5    PROC     NEAR
            LEA      DI,BUFFER
            MOV      [DI],AX
            MOV      [DI+2],BX
            MOV      [DI+4],CX
            MOV      [DI+6],DX
            ……
            LEA      DI,BUFFER
            MOV      AX,[DI]
            MOV      BX,[DI+2]
            MOV      CX,[DI+4]
            MOV      DX,[DI+6]
            RET
SUB5    ENDP
        ……
CODE    ENDS
```

3. 子程序的参数传送

主程序在调用子程序前，必须把需要子程序加工处理的数据传送给子程序，这些需要加工处理的数据就称为输入参数。当子程序执行完返回主程序时，应该把最终结果传送给主程序，这些加工处理所得的结果称为输出参数。这种主程序和子程序之间的数据传送称为参数传送。通常进行主程序和子程序间参数传送的方法有三种：通过寄存器传送参数，通过存储单元传送参数，通过堆栈传送参数或参数表地址。

例 3.6.6　通过寄存器传送参数示例。

用寄存器传送参数方式，编制键入 5 位十进制数加法程序。

要求：

（1）SUB8 子程序把由键盘输入的 5 位以内的十进制数转换成二进制数，并存入 CX，键入非数字字符时返回主程序。

（2）SUB9 子程序把 CX 中的二进制数转换成十进制数，并显示在显示器上。

（3）主程序 MAIN 对数据求和，假设两数之和小于等于 65535。

（4）主程序 MAIN 和子程序 SUB8、SUB9 在同一代码段中。

```
CODE    SEGMENT
        ASSUME CS:CODE
MAIN    PROC    FAR         ; 主程序定义为 FAR 属性
        CALL    SUB8        ; 取被加数
        MOV     BX,CX       ; 保存被加数
        CALL    SUB8        ; 取加数
        ADD     CX,BX       ; 求和
        CALL    SUB9        ; 显示和
        MOV     AH,4CH
        INT     21H
SUB8    PROC    NEAR        ; SUB8 定义为 NEAR 属性
        PUSH    AX
        PUSH    BX
        PUSH    DX
        XOR     CX,CX       ; 0 送 CX，为每次键入值乘 10 作准备
AA2:    MOV     AH,1
        INT     21H         ; 等待键入
        CMP     AL,30H
        JC      AA1         ; 判小于 0 键返回
        CMP     AL,3AH
        JNC     AA1         ; 判大于 9 键返回
        ADD     CX,CX       ; （CX）×2→（CX）
        MOV     BX,CX       ; （CX）×2→（BX）
        ADD     CX,CX       ; （CX）×2→（CX）
        ADD     CX,CX       ; （CX）×2→（CX）
        ADD     CX,BX       ; CX 原内容（以前键入值）乘 10
        AND     AX,0FH      ; 取本次键入值
        ADD     CX,AX       ; 以前键入值乘 10 的值加本次值
        JMP     AA2         ; 转取下次键
AA1:    POP     DX
        POP     BX
        POP     AX
        RET                 ; 返回
SUB8    ENDP
SUB9    PROC    NEAR        ; SUB9 定义为 NEAR 属性
        PUSH    AX
        PUSH    BX
```

```
            PUSH    DX
            CMP     CX,10000
            JNC     AA12                    ; 判是否有万位，避免最高位显 0
            CMP     CX,1000
            JNC     AA4                     ; 判是否有千位，避免最高位显 0
            CMP     CX,100
            JNC     AA6                     ; 判是否有百位，避免最高位显 0
            CMP     CX,10
            JNC     AA8                     ; 判是否有十位，避免最高位显 0
            JMP     AA10
AA12:       MOV     DL,-1
AA3:        SUB     CX,10000
            INC     DL                      ; 万位累计
            JNC     AA3
            ADD     CX,10000                ; 多减一次，则补加
            OR      DL,30H
            MOV     AH,2                    ; 显万位
            INT     21H
AA4:        MOV     DL,-1
AA5:        SUB     CX,1000
            INC     DL                      ; 千位累计
            JNC     AA5
            ADD     CX,1000                 ; 多减一次，则补加
            OR      DL,30H
            MOV     AH,2                    ; 显千位
            INT     21H
AA6:        MOV     DL,-1
AA7:        SUB     CX,100
            INC     DL                      ; 百位累计
            JNC     AA7
            ADD     CX,100                  ; 多减一次，则补加
            OR      DL,30H
            MOV     AH,2                    ; 显百位
            INT     21H
AA8:        MOV     DL,-1
AA9:        SUB     CX,10
            INC     DL                      ; 十位累计
            JNC     AA9
            ADD     CX,10                   ; 多减一次，则补加
            OR      DL,30H
            MOV     AH,2                    ; 显十位
```

```
            INT     21H
    AA10:   MOV     DL,CL
            OR      DL,30H
            MOV     AH,2              ; 显个位
            INT     21H
            POP     DX
            POP     BX
            POP     AX
            RET                       ; 返回
    SUB9    ENDP
    MAIN    ENDP
    CODE    ENDS
            END     MAIN
```

例 3.6.7 通过存储单元传送参数示例。

用存储单元传送参数方式，编写程序求无符号多字节二进制数的和，并把结果以十六进制数形式显示在显示器上。

要求：

（1）NUMBER1、NUMBER2 分别是两个 8 字节数最低位的地址，最高位地址分别为 NUMBER1+7、NUMBER2+7。NUMBER3 是和的最低位的地址，和的最高位地址为 NUMBER3+7。

（2）SUB10、SUB11 子程序和主程序在同一程序模块中；求和子程序 SUB10 按直接访问模块中变量的方式与主程序传送参数；二进制数转化为十六进制数显示子程序 SUB11 通过传送参数表地址（本例中参数表地址为 NUMBER3，参数是求得的和）方式与主程序传送参数。

（3）为简化程序，取 16 位十六进制和，显示时不考虑最高位为 0 的情况。

```
    DATA        SEGMENT
    NUMBER1     DB 99,22,33,44,99,66,77,88; 设被加数
    NUMBER2     DB 99,88,77,66,77,44,44,22; 设加数
    NUMBER3     DB 8 DUP(0)           ; 和参数表
    DATA        ENDS
    CODE        SEGMENT
                ASSUME CS:CODE,DS:DATA
    MAIN        PROC    FAR           ; 主程序定义为 FAR 属性
                MOV     AX,DATA
                MOV     DS,AX
                CALL    SUB10         ; 调 SUB10 多字节加子程序
                LEA     BX, NUMBER3+7 ; 形成和末地址
                CALL    SUB11         ; 调 SUB11
                MOV     AH,4CH        ; 返回操作系统
```

```
        INT     21H
SUB10   PROC    NEAR                ; 多字节加子程序
        PUSH    AX
        PUSH    CX
        PUSH    BX
        PUSH    SI
        PUSH    DI
        LEA     SI, NUMBER1         ; 取被加数偏移地址
        LEA     DI, NUMBER2         ; 取加数偏移地址
        LEA     BX, NUMBER3         ; 取和数偏移地址
        MOV     CX,8                ; 计数初值
        AND     AL,AL               ; 0→CF
AA1:    MOV     AL,[SI]
        ADC     AL,[DI]             ; 求单字节和
        MOV     [BX],AL             ; 存单字节和
        INC     SI                  ; 修改下次被加数偏移地址
        INC     DI                  ; 修改下次加数偏移地址
        INC     BX                  ; 修改下次和数偏移地址
        LOOP    AA1                 ; 判循环是否结束
        POP     DI
        POP     SI
        POP     BX
        POP     CX
        POP     AX
        RET                         ; 返回
SUB10   ENDP
SUB11   PROC    NEAR                ; 二进制数转化为十六进制数子程序
        PUSH    DX
        PUSH    CX
        PUSH    AX
        MOV     DH,8                ; 计数初值
AA4:    MOV     DL,[BX]             ; 从高位开始, 逐字节取出二进制数
        MOV     CL,4
        SHR     DL,CL               ; 高 4 位移到低 4 位后, 高位补 0
        OR      DL,30H              ; 形成 0~9 的 ASCII 码
        CMP     DL,3AH              ; 判是否为 0~9
        JC      AA2                 ; 是, 转移
        ADD     DL,7                ; 形成 A~F 的 ASCII 码
AA2:    MOV     AH,2                ; 显示
        INT     21H
```

```
              MOV     DL,[BX]          ; 从高位开始，逐位取出二进制数
              AND     DL,0FH           ; 截取字节低 4 位
              OR      DL,30H           ; 形成 0～9 的 ASCII 码
              CMP     DL,3AH
              JC      AA3
              ADD     DL,7
   AA3:       MOV     AH,2
              INT     21H
              DEC     BX               ; 修改下次偏移地址
              DEC     DH               ; 计循环次数
              JNZ     AA4
              MOV     DL,'H'
              MOV     AH,2
              INT     21H
              POP     AX
              POP     CX
              POP     DX
              RET                      ; 返回
   SUB11      ENDP
   MAIN       ENDP
   CODE       ENDS
              END     MAIN
```

例 3.6.8 通过堆栈传送参数或参数表地址示例。

用堆栈传送参数和参数表地址方式，编写 8 位非压缩 BCD 码加法程序，被加数和加数由键盘输入，把结果显示在显示器上。

要求：

（1）NUMBER1、NUMBER2 分别是两个 8 位的非压缩 BCD 码数的最低位地址，最高位地址分别为 NUMBER1＋7、NUMBER2＋7。NUMBER3 是和的最低位地址，和的最高位地址为 NUMBER3＋8。

（2）SUB12、SUB13 子程序和主程序在同一程序模块中；主程序完成 8 位的非压缩 BCD 码加法运算。

（3）为简化程序，显示时不考虑最高位为 0 的情况。

（4）SUB12 子程序采用堆栈传送参数方式与主程序传送参数，把键入 8 位以内的非压缩 BCD 码及其个数压入堆栈，键入非数字键返回。

（5）SUB13 子程序采用堆栈传送参数表地址方式与主程序传送参数，在显示器上显示 8 位非压缩 BCD 码加法运算结果。

```
   DATA       SEGMENT
   NUMBER1    DB 8 DUP(0)              ; 被加数参数表
```

```
NUMBER2     DB  8 DUP(0)              ; 加数参数表
NUMBER3     DB  9 DUP(0)              ; 和参数表
DATA        ENDS
CODE        SEGMENT
            ASSUME CS:CODE,DS:DATA
MAIN        PROC    FAR              ; 主程序定义为 FAR 属性
            MOV     AX,DATA
            MOV     DS,AX
            CALL    SUB12            ; 调 SUB12 非压缩 BCD 码接收子程序
            POP     CX               ; 取被加数位数
            LEA     BX, NUMBER1      ; 取被加数参数表地址
AA3:        POP     AX               ; 取被加数个位、十位、百位…
            MOV     [BX],AL          ; 被加数存入参数表
            INC     BX               ; 形成下位地址
            LOOP    AA3              ; 计数控制
            CALL    SUB12            ; 调 SUB12 非压缩 BCD 码接收子程序
            POP     CX               ; 取加数位数
            LEA     BX, NUMBER2      ; 取加数参数表地址
AA4:        POP     AX               ; 取加数个位、十位、百位…
            MOV     [BX],AL          ; 加数存入参数表
            INC     BX               ; 形成下位地址
            LOOP    AA4              ; 计数控制
            LEA     SI, NUMBER1      ; 取被加数参数表地址
            LEA     DI, NUMBER2      ; 取加数参数表地址
            LEA     BX, NUMBER3      ; 取和参数表地址
            MOV     CX,8             ; 加位数计数器初值
            OR      CX,CX            ; 0→CF
AA5:        MOV     AL,[SI]          ; 取被加数
            ADC     AL,[DI]          ; 非压缩 BCD 码加
            AAA                      ; 调整
            MOV     [BX],AL          ; 存和
            INC     SI               ; 形成下位地址
            INC     DI               ; 形成下位地址
            INC     BX               ; 形成下位地址
            LOOP    AA5              ; 计数控制
            ADC     CL,CL            ; 最高位送 CL
            MOV     [BX],CL          ; 存最高位
            LEA     AX, NUMBER3+8    ; 取和参数表最高位地址
            PUSH    AX               ; 向子程序提供和参数表最高位地址
            CALL    SUB13            ; 非压缩 BCD 码显示子程序
```

```
              MOV     CX,16
              LEA     BX, NUMBER1     ; 取被加数参数表地址
              XOR     AL,AL
   QQQ2:      MOV     [BX],AL         ; 清被加数和加数参数表，使之可重复使用
              INC     BX
              LOOP    QQQ2
              MOV     AH,4CH          ; 返回操作系统
              INT     21H
   SUB12      PROC    NEAR            ; 非压缩 BCD 码接收子程序
              POP     BX              ; 保存返回地址
              SUB     CX,CX           ; 键入位数计数器清 0
   AA1:       MOV     AH,1
              INT     21H             ; 等待键入
              CMP     AL,30H
              JC      AA2             ; 判小于 0 键返回
              CMP     AL,3AH
              JNC     AA2             ; 判大于 9 键返回
              INC     CX              ; 键入位数计数器加 1
              PUSH    AX              ; 非压缩 BCD 码压栈
              JMP     AA1
   AA2:       PUSH    CX              ; 键入位数压栈
              PUSH    BX              ; 返回地址压栈
              RET                     ; 返回
   SUB12      ENDP
   SUB13      PROC    NEAR            ; 非压缩 BCD 码显示子程序
              POP     AX              ; 保存返回地址
              POP     BX              ; 取和参数表最高位地址
              PUSH    AX              ; 返回地址压栈
              MOV     CX,9            ; 显示和计数初值
   AA6:       MOV     DL,[BX]         ; 取和最高位、次高位…个位
              ADD     DL,30H          ; 形成 ASCII 码
              MOV     AH,2
              INT     21H             ; 显示
              DEC     BX              ; 形成下位地址
              LOOP    AA6             ; 计数控制
              RET                     ; 返回
   SUB13      ENDP
   MAIN       ENDP
   CODE       ENDS
              END     MAIN
```

习　题

3.1　简述汇编语言上机编程的基本过程。

3.2　汇编语句包括哪些部分？各个部分主要功能是什么？

3.3　汇编语言中伪指令的作用是什么？

3.4　一个汇编语言源程序一般应当包含哪些段？

3.5　说明汇编语言中地址计数器的作用。

3.6　什么是数据类型？数据类型是怎么定义的？

3.7　怎么确定子程序的类型？不同类型的子程序，调用时有什么区别？

3.8　变量和标号有哪些属性？这些属性是怎么规定的？

3.9　假设 VAR12 和 VAR23 为字变量，LAB 为标号，试指出下列指令的错误之处：

（1）ADD　VAR12，VAR23

（2）SUB　AL，VAR12

（3）JMP　LAB[DI]

（4）JNZ　VAR12

3.10　画图说明下列语句所分配的存储空间及初始的数据值。

（1）AAA2　DB　'BYTE',12,5 DUP(0,？,4)

（2）BB3　DW　0,1,3,255,-8

3.11　对于下面的数据定义，（1）～（8）各条 MOV 指令单独执行后，有关寄存器的内容是什么？

```
FLDB1      DB    ?
TABLEA2    DW    20 DUP(?)
TABLEB3    DB    'ABCD'
TABLEA4    DW    10 DUP(?)
TABLEB5    DB    20 DUP(?)
TABLEC6    DB    '1234'
```

（1）MOV　AX，TYPE　FLDB1

（2）MOV　AX，TYPE　TABLEA2

（3）MOV　CX，LENGTH　TABLEA2

（4）MOV　DX，SIZE　TABLEA2

（5）MOV　CX，LENGTH　TABLEB3

（6）MOV　AX，LENGTH TABLEA4

（7）MOV　BL，LENGTH TABLEB5

（8）MOV　CL，LENGTH TABLEC6

3.12　设已知语句为

```
ORG 0024H
DATA1 DW 4,12H,$+4
```

则执行指令 MOV AX，DATA1+4 后，AX 的值是多少？

3.13　已定义了两个整数变量 A 和 B，试编写一个源程序完成如下功能。

（1）若两数中有 1 个是偶数，则将奇数存入 A 中，偶数存入 B 中。

（2）若两数均为奇数，则把变量 A 和 B 交换。

（3）若两数均为偶数，则两数除以 2 后再存入原变量中。

3.14　编写统计 AX 中 1、0 个数的源程序。1 的个数存入 CH，0 的个数存入 CL。

3.15　试编写比较两个字符串 STRING1 和 STRING2 所含字符是否完全相同的源程序，若相同则显示 "MATCH"，若不同则显示 "NO MATCH"。

3.16　试编写从键盘上接收一个 4 位的十六进制数，并在显示器上显示出与它等值的二进制数的源程序。

3.17　设从 STRING 开始存放一个以$为结束标志的字符串，试编写把字符串中的字符进行分类的源程序，数字字符送入 NUM 开始的存储器区中，大写字母送入 BCHAR 开始的存储器区中，小写字母存入 LCHAR 开始的存储器区中，其他字符存入 OTHER 开始的存储器区中。

3.18　试编写找出首地址为 BUF 数据块中的最小偶数（该数据块中有 100 个带符号字节数），并以十六进制形式显示在显示器上的源程序。

3.19　已知数据块 BUFA 中存放 15 个互不相等的字节数据，BUFB 中存放 20 个互不相等的字节数据，试编写将既在 BUFA 中出现，又在 BUFB 中出现的数据存放到 BUFC 开始的缓冲区中的源程序。

3.20　试编写由键盘输入一个以回车作为结束的字符串，将其按 ASCII 码由大到小的顺序输出到显示器上的源程序。

3.21　设从 BUFFER 开始存放若干个以$为结束标志的带符号字节数据，试编写将其中的正数按由大到小的顺序存入 PLUS 开始的缓冲区中的源程序。

3.22　试编写一源程序，要求能从键盘接收一个个位数 N，然后响铃 N 次（响铃的 ASCII 码为 07）。

3.23　试编写一源程序，要求将一个包含有 40 个数据的数组 M 分成两个数组：正数数组 P 和负数数组 N，并分别把这两个数组中数据的个数在显示器上显示出来。

3.24　在 STRING 到 STRING+99 单元中存放着一个字符串，试编制一程序测试该字符串中是否存有数字。如有，则把 CL 置 0FFH，否则将 CL 置 0。

3.25　试编写一源程序，把 DX 中的十六进制数转换为 ASCII 码，并将对应的 ASCII 码依次存放到 MEM 数组中的 4 个字节单元中。例如，当 DX=2A49H 时，程序执行完后，MEM 中的 4 个字节单元内容为 39H、34H、41H 和 32H。

3.26　下面程序段是实现从键盘输入 10 个一位十进制数后累加，最后累加和以非压缩 BCD 码形式存放在 AH（高位）和 AL（低位）中。试把程序段中所空缺的指令填上。

```
      XOR DX,DX
      _____
LOP1：MOV  AH,01H；键盘字符输入
      INT  21H
      MOV  AH,DH
      ADD  AL,DL
      _____
      MOV  DX,AX
      LOOP LOP1
```

3.27　下面程序段的功能是把 DA12 数据区的数 0~9 转换为对应的 ASCII 码。试完善本程序段。

```
DA12    DB 0,1,2,3,4,5,6,7,8,9
ASCII2  DB 10 DUP(?)
CUNT = ASCII2 - DA12
      LEA   SI,DA12
      LEA   DI,ASCII2
      _____
LOP2：MOV   AL,[SI]
      _____
      MOV   [DI],AL
      INC   SI
      INC   DI
      ADD   CL,0FFH
      JNZ   LOP2
```

3.28　试分析下列程序段完成什么功能？

```
MOV   CL,04
SAL   DX,CL
MOV   BL,AH
SAL   AX,CL
SHR   BL,CL
OR    DL,BL
```

3.29　某班有 30 名同学，现需将"汇编语言程序设计"课程考试成绩通过键盘输入，存放到存储器数据区以 AAA3 为首地址的连续单元中（得分范围在 50~99 分），采用子程序结构编程，找出最高得分送显示器输出。

要求：

（1）编写一个键盘输入子程序。

（2）编写一个将两位分数数字的 ASCII 码转换成压缩的 BCD 码的子程序。

（3）编写一个将压缩的 BCD 码转换成 ASCII 码的子程序。

（4）编写一个显示输出子程序。

（5）写出主程序的调用方式。

3.30　分析下列程序，指出程序完成的功能，并画出主程序调用子程序时堆栈的变化示意图。

```
MAIN    PROC  FAR
        ……
        MOV   SI  OFFSET  SOUCE1
        PUSH  SI
        MOV   DI,OFFSET  DEST1
        PUSH  DI
        MOV   CX,100
        PUSH  CX
        CALL  REMOV1
AA5:    ……
        ……
        RET
MAIN  ENDP
REMOV1 PROC  FAR
        ……
        MOV  BP,SP
        MOV  CX,[BP+4]
        MOV  DI,[BP+6]
        MOV  SI,[BP+8]
        CLD
        REP  MOVSB
        RET
REMOV1  ENDP
```

第4章 输入输出

在微型计算机系统中，最核心的部分为 CPU 与主存储器，这里称为主机。主机需要与各种外部设备（简称外设或 I/O 设备）连接并进行数据输入或输出的传送操作。把外设与 CPU 连接起来的电路称为接口电路（简称接口）。把输入输出过程的控制程序称为输入输出程序或 I/O 驱动程序。通常把 CPU 与外设间的连接及数据交换技术称为输入输出技术（简称为 I/O 技术、接口技术）。

4.1 接 口 概 述

4.1.1 接口与端口

接口是介于 CPU 与外设之间的电路，端口是指接口中那些可由程序寻址并能进行读/写操作的逻辑，最典型的就是寄存器。若干个端口加上相应的控制逻辑构成接口。

1. 接口的基本功能

外设的工作速度、信号类型和电平、信息格式等与 CPU 差异很大。所以，外设很难和 CPU（或系统总线）直接相连，必须通过相应的接口实现信息交换。

微型计算机系统中，接口一般应具有地址译码或设备选择、数据缓冲和锁存、信息格式与电平的转换、数据传送的协调等功能。

地址译码或设备选择是对地址总线信号译码，从而产生外设选择以及端口地址信号，以使主机能识别外设和端口，与指定的外设交换信息。

通过数据缓冲和锁存逻辑支持多外设（接口）共享的数据总线的分时复用，以及数据传输的速度匹配。

信息格式与电平的转换完成外设与 CPU 数据表示形式的转换与信息表示电平值的转换，如串行数据与并行数据的转换、TTL 电平与其他电平标准的转换。

数据传送的协调机制要保证 CPU 与外设之间信息交换时的时空一致性，即保证通过 I/O 接口交换的数据是当时有意义的数据（双方定义一致的数据），实现这种协调的具体措施，一般称为输入输出控制方式。

2. 接口的分类

（1）按应用对象，微型计算机的接口可分为用户交互接口、辅助操作接口、传感接口和控制接口四种基本类型。

用户交互接口的主要功能是将来自用户的数据、信息传送给计算机，或将用户所需的数据、信息由计算机传送给外设。常见的键盘接口、打印机接口、显示器接口等属于这一类接口。

辅助操作接口是计算机发挥最基本的处理与控制功能所必需的接口，包括各类总线驱动、总线接收器、数据锁存器、三态缓冲器、时钟电路、CPU 与存储器的接口等。

传感接口是输入被监测对象和控制对象变化信息的接口，如压力传感器、温度传感器、流速传感器等的接口。压力、温度、流速等物理量一般是模拟信号，必须经过模数转换才能送入计算机进行处理。

控制接口是微型计算机对被监测对象或控制对象输出控制信息的接口。在微型计算机控制系统中，当检测到现场的信息以后，经过分析处理，就能决定下一步将采取的动作。控制接口就是用来输出这个动作控制信号的接口，如步进电机、电磁阀门、继电器等的接口就属于这一类接口。

（2）按功能特点，微型计算机的接口可分为并行接口/串行接口、通用接口/专用接口、可编程接口/不可编程接口、数字接口/模拟接口。

并行接口是将 1 字节数据或字数据的所有位同时进行输入或输出。在微型计算机内部及计算机与大部分的外设之间的数据传送均使用并行传送方式。

串行接口是将数据按时间的先后顺序一位一位地传送。由于微型计算机内部一般采用并行处理方式，所以，当微型计算机与串行输入输出设备交换信息时，并行进行并行数据与串行数据之间的转换。

通用接口是可供几类外设使用的标准接口，通用性强。

专用接口是只供某类外设或某种用途设计的专门接口。

可编程接口的功能、操作方式可由程序来改变，就是说通过编程（初始化）来选择若干种功能、操作方式中的某一种进行工作。可使一个接口芯片完成多种不同的接口功能，用起来比较灵活。

不可编程接口的功能、操作方式不能由程序来改变，只可用硬逻辑线路实现不同的功能。不可编程接口电路简单，操作容易，但功能难以改变，使用不够灵活。

数字接口由数字电路组成，输入和输出的信号都是数字或两状态信号。

模拟接口由线性电路和部分数字电路组成，可输入模拟信号，输出数字信号，也可输入数字信号，输出模拟信号。模数转换器、数模转换器属于这类接口。

4.1.2　接口的一般编程结构及连接信号

1. 接口的编程结构

如图 4.1.1 所示，接口的编程结构是从用户编程角度看到的结构。接口的编程结构一般包含四种寄存器，即数据输入寄存器、数据输出寄存器、状态寄存器和控制寄存器，或者称为数据端口（即数据输入端口和数据输出端口的统称）、状态端口和控制端口。

1）数据端口

由于外设与 CPU 的定时标准不同，或在数据处理速度上有差异，所以用数据端口对传送数据提供缓冲、隔离和寄存（或锁存）的作用。

数据输出时，CPU 把数据送到输出寄存器（输出数据缓冲器），此后由输出设备与接口交互完成输出过程。

数据输入时，在输入接口中的输入寄存器（输入数据缓冲器）用来存放输入设备的数据，等待 CPU 读取。

2）状态端口

状态寄存器用来保存外设或接口的状态。CPU 通过数据总线可以读取这些状态，进行检测分析，以便对外设或接口进行控制。

3）控制端口

控制寄存器用来寄存 CPU 通过数据总线发来的命令，这些命令可以是对 I/O 接口进行初始化的（即功能、工作方式、通道选择等的设置），也可以是初始化以后再对 I/O 接口的操作进行干预的控制信号。

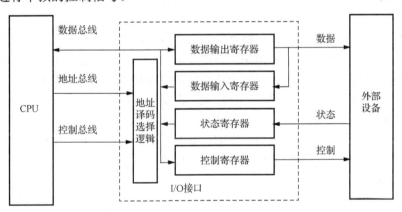

图 4.1.1　I/O 接口的一般编程结构和外部连接示意图

2. I/O 接口与 CPU 的连接信号

I/O 接口与 CPU 的连接信号由数据总线、地址总线和控制总线三部分组成。

1）数据总线

I/O 接口的数据总线一般设计成能和 CPU 或系统的数据总线直接相连，CPU 的数据总线基本相同，差别仅在于数据的位数（宽度）。

2）地址总线

每一个端口有一个编号，称为端口地址，简称口地址。与访问存储单元相类似，CPU 与 I/O 端口交换信息时总是先给出端口地址，选中的端口才可以和 CPU 进行信息交换。和存储器芯片相类似，I/O 接口芯片一般都有片选端，只有片选信号有效（被选中）的芯片才能与 CPU 交换信息。一个 I/O 接口芯片可能含有多个端口，占用多个端口地址。因此，一般设有地址引脚输入端口地址，其内部译码电路对地址译码选择不同的端口。

在进行地址线相连时，和存储器芯片相类似，CPU 或系统地址总线的低位地址线与接口芯片的地址引脚相连，而高位地址线接到外部的译码器，用来产生接口芯片的片选信号。

3）控制总线

不同的 I/O 接口所需的控制信号不完全相同，通常有读、写、中断请求等。这些控制线对于不同的 CPU 可能有不完全匹配的地方，如有效信号的电平不同等，这时可加少量的逻辑电路予以调整。

3. I/O 接口与外设的连接信号

I/O 接口与外设的连接信号分为数据线、状态线和控制线三种。

1）数据线

由于外设的种类繁多，型号不一，所提供的数据信号也多种多样，时序或有效电平差异较大。接口与外设之间传输的信号可分为如下三种类型。

（1）数字量。数字量是以二进制形式表示的数据或是以 ASCII 码表示的数据及字符，如由键盘、磁盘机等读入的信息，或者主机送给打印机、磁盘机、显示器及绘图仪的信息。

（2）模拟量。许多连续变化的物理量，如温度、湿度、位移、压力、流量等都是模拟量。这些物理量一般通过传感器先变成电压或电流信号。这样的电压和电流信号仍然是连续变化的模拟量，而微型计算机无法直接接收和处理模拟量，要经过模数转换器转换为数字量，才能送入微型计算机。反过来，微型计算机输出的数字量要经过数模转换器转换成模拟量，才能输出到一些模拟设备。

（3）开关量。开关量可表示两个状态，如开关的闭合和断开、电机的运转和停止、阀门的打开和关闭等，这样的量用 1 位二进制数就可以表示了。

2）状态线

外设将其状态通过状态线送往接口中的状态寄存器，它反映了当前外设所处的工作状态。对于输入设备来说，通常用 READY（准备好）信号来表明输入设备是否准备就绪。对于输出设备来说，通常用 BUSY（忙）信号表示输出设备是否处于空闲状态，如为空闲状态，则可接收 CPU 送来的信息，否则 CPU 要等待。

3）控制线

控制线传输由 CPU 向 I/O 接口输出的控制外设的信息。如外设的启动信号和停止信号就是常见的控制信息。控制信息往往随着外设的具体工作原理不同而含义不同。

4.2　输入输出控制方式

微型计算机的输入输出控制有四种基本方式，即程序查询方式、程序中断方式、直接存储器访问（direct memory access，DMA）方式和 I/O 处理机方式。

程序查询方式：CPU 通过查询设备的状态，判定哪个外设需要服务，然后转入相应的服务程序。

程序中断方式：当某个设备需要 CPU 为其服务时，可以发送中断请求信号 INTR，CPU 接到请求信号后，中断正在执行的程序，转去为该外设服务，服务完毕，返回原来被中断的程序并继续执行。

DMA 方式：采用这种方式时，在 DMA 控制器的管理下，外设和存储器直接交换信息，而不需要 CPU 介入。

I/O 处理机方式：引入 I/O 处理机，全部的输入输出操作由 I/O 处理机独立承担。

上述四种方式也可根据系统所接入的外设的不同而组合运用。

4.2.1　程序查询方式

程序查询方式是有条件的传送控制方式，在这种方式中，CPU 对外设的控制（调度）全部由程序来实现，所有的输入输出操作都处于正在被执行的程序的控制下，外设完全处于被动地位。所谓查询，就是询问外设的工作状态，通过这一状态来判定外设是否已具备与 CPU 交换数据的条件，即外设是否已准备好与 CPU 交换数据。

程序查询方式的硬件接口部分应包括数据端口、状态端口、端口选择及控制逻辑等三个部分。程序对每个外设的查询，是通过检查该设备的状态标志来实现的。

程序查询的优点是能较好地协调外设与 CPU 之间定时的差别，并且用于接口的硬件较少；它的主要缺点是需踏步检测设备状态或周期性检查所有设备状态，所以影响微型计算机系统的效率。

例 4.2.1　一个查询输入的接口如图 4.2.1 所示，状态缓冲器输出端 Q 为 "1" 表示就绪，编写用查询方式输入数据的程序。

根据图 4.2.1 编写的查询输入程序段如下：

```
                      ; ①外设送入数据，②把状态置为 1
X1:IN      AL,0E0H    ; ③读 0E0H 口取状态字，④状态送数据线的 D0 位
    TEST   AL,01H     ; 测试状态字 D0 位
    JZ     X1         ; 如 D0=0，设备未就绪，继续查询
    IN     AL,0E2H    ; ⑤读数据端口 0E2H，⑥数据输入 AL，⑦清除状态
    ……                ; 数据处理
    JMP    X1         ; 返回继续查询设备状态
```

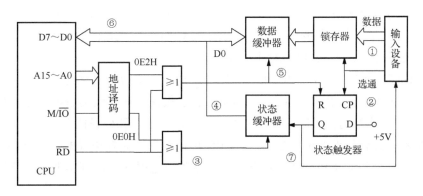

图 4.2.1　查询输入的接口电路

例 4.2.2 一个查询输出的接口如图 4.2.2 所示，状态缓冲器为 1 时，表示设备忙，为 0 表示输出锁存器空（就绪），编写用查询方式输入数据的程序。

根据图 4.2.2 编写的查询输出程序段如下：

```
    MOV    AL,41H      ；数据 41H 送 AL
    OUT    0E4H,AL     ；①数据输出到 0E4H 口（数据锁存器），并把状态置为 1
                       ；②外设取数据，③使状态触发器为 0
X1: IN     AL,0E4H     ；④读 0E4H 口取状态字，⑤状态送数据线的 D0 位
    TEST   AL,01H      ；测试状态字 D0 位
    JNZ    X1          ；D0=1，设备忙，继续查询
    MOV    AL,42H      ；下一个数据 42H 送 AL
    OUT    0E4H,AL     ；将下一个数据存入锁存器
    ……
```

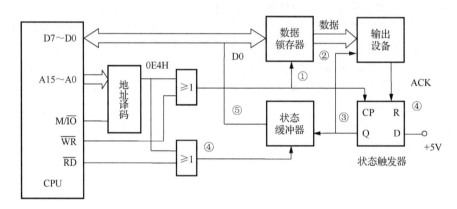

图 4.2.2　查询输出的接口电路

4.2.2　程序中断方式

在程序中断方式中，通常是在主程序中某一时刻安排启动某一台外设的指令，然后 CPU 继续执行其主程序，当外设完成数据传送的准备后，向 CPU 发出"中断请求"信号，在 CPU 可以响应中断的条件下，中断（即暂停）现行主程序的执行，而转去执行"中断服务程序"，在"中断服务程序"中完成一次 CPU 与外设之间的数据传送，传送完成后仍返回被中断的断点处继续执行主程序。

采用程序中断方式时，CPU 从启动外设直到外设就绪这段时间，一直在执行主程序，而不是像查询方式中长时间处于等待状态，仅仅是在外设准备好数据传送的情况下才中止 CPU 执行的主程序，在一定程度上实现了主机和外设的并行工作。同时，如果某一时刻有几台外设发出中断请求，CPU 可以根据预先安排好的优先顺序，按轻重缓急处理几台外设同 CPU 的数据传送，这样在一定程度上也可实现几个外设的并行工作。

可以看出，它节省了 CPU 的时间，是管理 I/O 操作的一个比较有效的方法。程序中

断方式一般适用于随机出现的服务，并且一旦提出要求，CPU 应立即进行响应。同程序查询方式相比，硬件结构相对复杂一些，中断服务程序开销时间较大（即同子程序一样有保护现场和恢复现场）。

4.2.3 DMA 方式

DMA 方式直接在主存储器与接口之间进行数据交换。在传输数据时，要使用系统总线，也就是要与 CPU 分时使用总线和主存储器。实现分时使用这些资源一般有三种方法：CPU 停机方式、周期扩展、周期挪用。

CPU 停机方式：当要进行 DMA 传送时，DMA 控制器向 CPU 发出总线请求信号，CPU 在现行的总线周期结束后，让出对总线的控制权，并给出 DMA 响应信号。DMA 控制器（DMAC）接到该响应信号后，就可以对总线进行数据传送的控制工作，直到 DMA 操作完成，CPU 再恢复对总线的控制权，继续执行被中断的程序。这种传送方法的优点是控制简单，它适用于与数据传输率很高的外设进行成组传送。缺点是在 DMA 控制器访问主存储器阶段，主存储器的效能没有充分发挥，相当一部分存储器工作周期是空闲的。另外，会影响 CPU 对中断的响应和动态 RAM 的刷新，这是需要加以考虑的。

周期扩展：当需要进行 DMA 操作时，由 DMA 控制器发出请求信号给时钟电路，时钟电路把供给 CPU 的时钟周期加宽，而提供给存储器和 DMA 控制器的时钟周期不变。这样就使 CPU 在加宽时钟周期内操作，而被加宽的时钟周期相当于若干个正常的时钟周期，可用来进行 DMA 操作。加宽的时钟结束后，CPU 仍按正常时钟继续操作。这种方法会使 CPU 处理速度减慢，而且 CPU 时钟周期的加宽是有限制的。因此用这种方法进行 DMA 操作，一次只能传送 1 字节。

周期挪用：利用 CPU 不访问主存的那些周期来实现 DMA 操作，此时 DMA 操作使用总线不用通知 CPU 也不会妨碍 CPU 的工作。采用这种方式时，为避免同 CPU 的访问主存操作发生冲突，要求 CPU 能产生一个指示是否正在使用主存的标志信号，DMA 控制器通过判断标志信号来实现 DMA 操作。周期挪用并不减慢 CPU 的操作，但需要复杂的时序电路，而且数据传送过程是不连续的和不规则的。

在使用 DMA 方式时，DMAC 接口完成相应的控制操作。DMA 控制器应该具备下列功能：

（1）当外设准备就绪，向 DMA 控制器发出 DMA 请求信号，DMA 控制器接到此信号后，应能向 CPU 发送总线请求信号。

（2）CPU 接到总线请求信号后，如果允许，则会发出 DMA 响应信号，从而 CPU 放弃对总线的控制，这时 DMA 控制器应能实行对总线的控制。

（3）DMA 控制器得到总线控制权以后，要往地址总线发送地址信号，修改所用的存储器的地址指针。

（4）在 DMA 传送期间，DMA 控制器应能发送存储器或接口的读/写控制信号。

（5）能统计传送的字节数，并且判断 DMA 传送是否结束。

（6）能向 CPU 发出 DMA 结束信号，将总线控制权交还给 CPU。

DMA 传输的基本操作过程如图 4.2.3 所示。

（1）设置 DMAC：CPU 必须针对该输出设备将有关参数预先写到它的内部寄存器中。这些参数主要包括 DMAC 的传送方式（如成组传送）、传送类型（有读传送、写传送等，本例应设置成读传送）、要操作的存储单元的首地址以及传送的字节数等。

（2）向 DMAC 发 DMA 请求（图中①所示），该信号应维持到 DMAC 响应为止。DMAC 收到请求后，向 CPU 发总线请求信号（图中②所示），表示希望占有总线。CPU 在每一个总线周期（中断响应周期和 CPU 正在执行含有 LOCK 前缀的指令周期除外）都要扫描总线请求，若发现有总线请求，则发出总线响应信号（图中③所示），并在现行总线周期结束后暂停程序的执行，让出总线控制权，机器进入 DMA 总线周期。

（3）总线控制：在 DMA 总线周期，DMAC 接管总线控制权并同时发出四个信号。一是向外设发出 DMA 响应信号（图中④所示）；二是将本次操作的存储单元地址送入地址总线（图中⑤所示）；三是向存储器发出读信号（图中⑥所示），存储单元内的数据读出送到数据总线上（图中⑦所示）；四是向外设发出 I/O 写信号（图中⑧所示）。于是，数据经数据总线送入输出设备完成了 1 字节的传送。

（4）传输结束控制：在每一个 DMA 周期中，DMAC 都要修改地址指针并进行字节计数，检查传送是否结束。若未结束，待外设为接收下一个数据准备好后再重复步骤（3），直至所设定字节数的数据都传送完，DMAC 才撤除总线请求信号（图中⑨所示），由 CPU 收回总线响应信号（图中⑩所示），进入 CPU 总线周期。

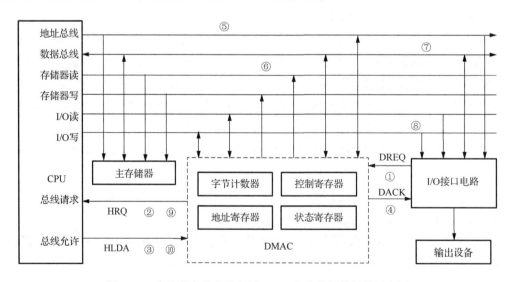

图 4.2.3　存储器向输出设备以 DMA 方式传送数据的示意图

4.2.4 I/O 处理机方式

I/O 处理机方式采用专门的处理机完成输入输出控制。I/O 处理机有自己的指令系统，也能独立地执行程序，能承担原来由 CPU 处理的全部输入输出操作。如对外设进行控制，对输入输出过程进行管理，并能完成字与字之间的装配和拆卸、码制的转换、数据块的错误检测和纠错，以及格式变换等操作。同时它还可以向 CPU 报告外设和外设控制器的状态，对状态进行分析，并对输入输出系统出现的各种情况进行处理。上述操作都是同 CPU 程序并行执行的。为了使 CPU 的操作与输入输出操作并行进行，必须使外设工作所需要的各种控制命令和定时信号与 CPU 无关，由 I/O 处理机独立形成。

4.3 DMA 控制器 Intel 8237A

Intel 8237A（以下简称 8237A）是一个高性能的可编程 DMA 控制器，可提供多种类型的控制特性。其主要的功能如下：

（1）在一片 8237A 内有 4 个独立的 DMA 通道。

（2）每个通道的 DMA 请求可分别编程允许或禁止。

（3）每个通道的 DMA 请求有不同的优先级（即 DMA 操作优先权），可编程决定选择固定优先级或循环优先级。

（4）可在外设与存储器、存储器与存储器之间实现 DMA 数据传送，存储器地址寄存器可以加 1 或减 1。

（5）可由软件编程改变 DMA 读/写周期长度。

（6）有四种工作方式：单字节传送方式、数据块传送方式、请求传送方式、级联方式。

（7）可以多片级联，扩展通道数。

（8）DMA 操作结束有两种方法：一是字节计数器减 1 由 0 变为 FFFFH，二是外界通过 $\overline{\text{EOP}}$ 输入负脉冲，强制 DMA 操作结束。

（9）DMA 操作启动有两种方法：一是外设输入 DMA 请求信号 DREQ，二是通过软件编程从内部启动。

4.3.1 8237A 的内部结构及引脚功能

如图 4.3.1 所示，8237A 内部结构包括五个基本组成部分：缓冲器组、时序和控制逻辑、优先权编码逻辑、命令控制逻辑和寄存器组。8237A 的引脚功能如表 4.3.1 所示，内部寄存器及对应端口地址如表 4.3.2 所示。

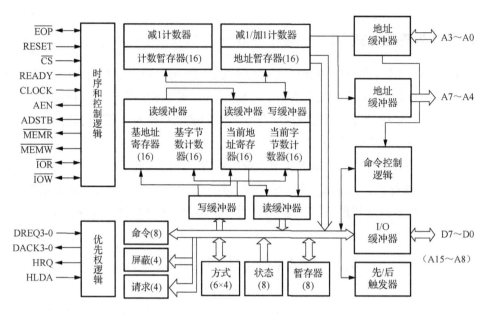

图 4.3.1　8237A 内部结构与引脚

表 4.3.1　8237A 引脚

引脚名称	引脚功能	说明
D7～D0 （A15～A8）	数据线 （地址线 A15～A8）	为从模块时为 D7～D0，用于传送控制命令和 8237A 内部寄存器阵列的内容。为主模块时为 A15～A8，用来输出 16 位地址的高 8 位
A3～A0	地址线 A3～A0	为从模块时，输入地址信息，用于选择内部寄存器。为主模块时，输出 16 位地址的最低 4 位地址 A3～A0
A7～A4	地址线 A7～A4	为主模块时，输出 16 位地址的 A7～A4
CLK	时钟输入	
$\overline{CS}$	芯片选择信号	低电平有效
RESET	复位信号	高电平有效。复位后，8237A 处于空闲周期，可接受 CPU 对它的访问操作
READY	准备就绪信号	高电平有效
AEN	地址允许信号	输出，高电平有效
ADSTB	地址选通信号	输出，高电平有效
$\overline{MEMR}$	存储器读信号	输出，低电平有效
$\overline{MEMW}$	存储器写信号	输出，低电平有效
$\overline{IOR}$	双向三态 I/O 读信号	输入输出，低电平有效
$\overline{IOW}$	双向三态 I/O 写信号	输入输出，低电平有效
$\overline{EOP}$	过程结束信号	输入输出，它是一个低电平有效的双向信号
DREQ3～DREQ0	通道 3～0 的 DMA 请求输入信号	输入，DREQ 的有效电平可由编程设定

续表

引脚名称	引脚功能	说明
DACK3~DACK0	通道 3~0 的 DMA 响应输出信号	输出，DACK 的有效电平可由编程设定
HRQ	总线请求信号	输出，高电平有效
HLDA	总线保持响应信号	输入，高电平有效

表 4.3.2　8237A 内部寄存器及对应端口地址

A3	A2	A1	A0	寄存器说明
0	0	0	0	通道 0　写：基地址寄存器和当前地址寄存器 通道 0　读：当前地址寄存器
0	0	0	1	通道 0　写：基字节数计数器和当前字节数计数器 通道 0　读：当前字节数计数器
0	0	1	0	通道 1　写：基地址寄存器和当前地址寄存器 通道 1　读：当前地址寄存器
0	0	1	1	通道 1　写：基字节数计数器和当前字节数计数器 通道 1　读：当前字节数计数器
0	1	0	0	通道 2　写：基地址寄存器和当前地址寄存器 通道 2　读：当前地址寄存器
0	1	0	1	通道 2　写：基字节数计数器和当前字节数计数器 通道 2　读：当前字节数计数器
0	1	1	0	通道 3　写：基地址寄存器和当前地址寄存器 通道 3　读：当前地址寄存器
0	1	1	1	通道 3　写：基字节数计数器和当前字节数计数器 通道 3　读：当前字节数计数器
1	0	0	0	写：命令寄存器 读：状态寄存器
1	0	0	1	写：请求寄存器 读：非法
1	0	1	0	写：一位屏蔽字寄存器 读：非法
1	0	1	1	写：方式寄存器 读：非法
1	1	0	0	写：清先/后触发器软件命令 读：非法
1	1	0	1	写：8237A 复位软件命令 读：暂存寄存器
1	1	1	0	写：清屏蔽寄存器软件命令 读：非法
1	1	1	1	写：四位屏蔽字寄存器 读：非法

4.3.2　8237A 的工作方式

8237A 工作方式包括主从模态、传送方式、传送类型、优先级编码、自动初始化方式、存储器到存储器的传送。

1. 主从模态

作为 DMA 控制器，8237A 既可以作为 I/O 接口接受 CPU 的读/写操作，也可以取代 CPU 控制总线，即总线的主控性和总线的从属性，对应地它也就有两种工作模态：主态方式和从态方式。

在主态方式时，8237A 控制器是总线的控制者，此时，8237A 是主模块，它掌握总线的控制权，可对涉及的外设端口或存储器单元进行读/写操作。

在从态方式时，CPU 是总线的控制者，而 8237A 不过是普通的一个接口，此时，8237A 是从模块。

2. 传送方式

8237A 通过编程，可选择单字节传送方式、数据块传送方式、请求传送方式和级联传送方式四种传送方式。

采用单字节传送方式时，一次只传送 1 字节，然后释放总线。若又有外设 DMA 请求，8237A 再向 CPU 发下一次总线请求 HRQ，获得总线控制权后，再传送下 1 字节数据。

采用数据块传送方式时，响应一次 DMA 请求，将完成设定的字节数的全部传送。当字节数计数器减 1 由 0 变为 0FFFFH 时，产生 TC 有效信号，使 8237A 将总线控制权交还给 CPU 从而结束 DMA 操作方式，外部有效的 $\overline{EOP}$ 信号也可以终结 DMA 传送。

请求传送方式又称查询方式，类似数据块传送，但每传送 1 字节后，检测 DREQ 状态，若无效则停止，若有效则继续 DMA 传送。当 DREQ 信号无效或字节数计数器减 1 由 0 变为 0FFFFH 产生 TC 信号或 $\overline{EOP}$ 信号有效，这种方式都将停止数据传送。

级联传送方式允许连接一个以上的芯片来扩展 DMA 通道的个数。其连接方法是将扩展的 DMA 芯片的 HRQ 和 HLDA 分别连到主片的某个通道的 DREQ 和 DACK。当主片接到扩展芯片的 DMA 请求并响应后，它仅发出 DACK 应答，其他的地址信号与控制信号一律禁止，由扩展芯片控制 DMA 传送。这种情况下，主片的连接通道只起两个作用：一是优先级连接的作用，即将从片的 4 个 DMA 通道纳入主片的优先级管理机制，二是向 CPU 输出 HRQ 和传递 HLDA。

例 4.3.1 通过级联扩展两个从片，支持 10 路 DMA 的链接，连接如图 4.3.2 所示。

3. 传送类型

8237A 系统无论是工作在单片还是多片级联方式，也不管采用单字节传送、数据块传送、请求传送中的哪种传送方式，都可以对每个通道的方式字寄存器进行设置，采用 DMA 读、DMA 写、DMA 校验等三种不同的传送类型。

4. 优先级编码

8237A 优先级编码有固定优先级和循环优先级。固定优先级方式下，通道 0～通道 1 优先级由高到低固定；循环优先级方式下，当一个通道被服务后其优先级最低，其后序通道优先级最高。

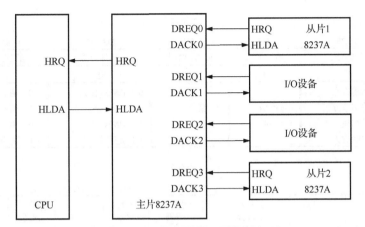

图 4.3.2　通过级联扩展通道例

5. 自动初始化方式

设置某个通道为自动初始化方式，当 8237A 完成数据传送使 $\overline{EOP}$ 信号有效时，基地址寄存器和基字节寄存器内容分别自动送入当前地址寄存器和当前字节寄存器，起到重新设置初始状态的作用。

6. 存储器到存储器的传送

利用存储器到存储器的传送方式，可以使数据块从一个存储空间传送到另一个存储空间，将程序的影响和传输时间减到最小。

7. 读/写时序

8237A DMA 控制器可选择正常时序、压缩时序和扩展写时序等操作时序。

正常时序传送 1 字节数据包含 4 个时钟脉冲周期，即 S1～S4 状态。产生的读/写脉冲信号与这 4 个状态有确定的对应关系。若是数据块传送中不改变高 8 位地址，则省去 S1，只占用 S2、S3、S4 三个时钟周期。

压缩时序方式所占用的脉冲数将减少。压缩时序操作把读命令的宽度压缩到等于写命令的宽度，省掉了 S3，即由 S4 完成读和写的操作。

在正常时序操作下，可选择扩展写方式，即写命令提前到读命令，从 S3 状态开始（一般情况下，读为 S3、S4 状态，写为 S4 一个状态）。也就是说，写命令同读命令一样，扩展为 2 个时钟周期。

4.3.3　8237A 的编程

8237A 依靠它的可编程特性实现各种工作方式的选择和设定。8237A 的初始化编程命令字总共有 8 个，其中控制命令字有 5 个：方式字、命令字、请求字、屏蔽字、状态字。控制命令字格式及说明如图 4.3.3 所示。

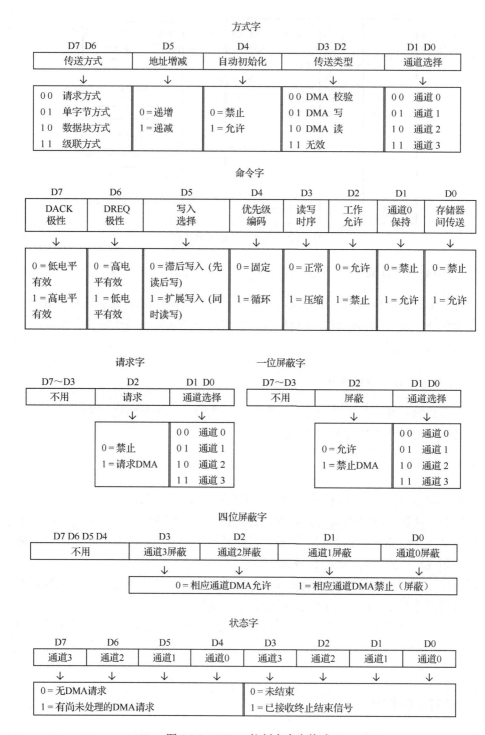

图 4.3.3　8237A 控制命令字格式

清除命令有 3 个：清先/后触发器软件命令、复位软件命令、清屏蔽寄存器软件命令。清先/后触发器软件命令（写入端口地址 0CH）即清除字节指针命令，是专为 16 位寄存器的读/写而设置的。因为数据线是 8 位，所以 16 位数据要分两次读/写，而且要使用同一个端口地址。为区分两个高低字节，8237A 设置了先/后触发器作为字节指针，为 0 时对应低字节，为 1 时对应高字节。而且每次对 16 位寄存器的读/写操作都将使字节指针自动翻转一次：由 0 变 1，或由 1 变 0，从而控制高、低字节的读/写。系统复位后，先/后触发器被清 0。清先/后触发器软件命令使字节指针（先/后触发器）被清 0。

复位软件命令（写入端口地址 0DH）与硬件的 RESET 信号功能相同，是软件复位命令，除了使屏蔽寄存器各位置 1 外，其他各寄存器均被清 0，使 8237A 进入空闲状态，准备接收 CPU 对它的初始化编程，此时 8237A 处于从态方式。

清屏蔽寄存器软件命令（写入端口地址 0EH）将 4 个通道的屏蔽位清除，允许它们接受 DMA 请求。

8237A 的编程步骤如下：

（1）CPU 发复位软件命令。

（2）写入基地址及当前地址值。

（3）写入基字节数和当前字节数初值。

（4）写入方式字。

（5）写入屏蔽字。

（6）写入命令字。

（7）写入请求字，可用软件 DMA 请求启动通道，也可在（1）～（6）完成以后，等待外部 DREQ 请求信号。

例 4.3.2 设在某 8088 系统中，用 8237A 通道 1 将存储器 1000H 单元开始的 24K 字节数据转存到软盘之中（暂不考虑 20 位地址的问题，可认为 1000H 就是基地址的初值）。采用数据块方式传送，地址增量方式，只传送一遍，设 DREQ 和 DACK 低电平有效，当 A15～A4=0000 0000 0111 时选中 8237A，要求设计 8237A 通道 1 的初始化程序。

（1）端口地址。

A3～A0 由 8237A 芯片内部译码，编码范围是从 0000 到 1111，再与 A15～A4 组合，则端口地址范围是 0070H～007FH。

（2）传送字节数。

24K 字节对应十六进制数为 6000H，但写入通道字节数计数器的值应为 6000H-1=5FFFH，因为 TC 的产生不是在计数器由 1 到 0 的跳变处，而是在计数器由 0 到 0FFFFH 的跳变处，所以写入的计数初值应比实际字节数少一个。

（3）方式字。

按题目要求，方式字的组合为 1000 1001B。

（4）一位屏蔽字。

按题目要求，一位屏蔽字的组合为 0000 0001B。

（5）命令字。

按题目要求，命令字的组合为 0100 0000B。

（6）初始化程序。

```
START:   MOV  DX,007DH      ;发复位软件命令
         OUT  DX,AL
         MOV  DX,0072H
         MOV  AL,00H
         OUT  DX,AL         ;送基地址和当前地址低 8 位
         MOV  AL,10H
         OUT  DX,AL         ;送基地址和当前地址高 8 位
         MOV  DX,0073H
         MOV  AL,0FFH       ;送基计数值和当前计数值低 8 位
         OUT  DX,AL
         MOV  AL,5FH        ;送基计数值和当前计数值高 8 位
         OUT  DX,AL
         MOV  DX,007BH
         MOV  AL,89H        ;写入方式控制字，DMA 读传送
         OUT  DX,AL
         MOV  DX,007AH
         MOV  AL,01H        ;写入屏蔽字
         OUT  DX,AL
         MOV  DX,0078H
         MOV  AL,40H        ;写入命令控制字
         OUT  DX,AL
         ……
```

习　题

4.1　什么是接口？接口与端口有什么不同？

4.2　接口的基本功能是什么？

4.3　画出一个微型计算机 I/O 接口一般结构图，标明接口内部主要寄存器及外部主要信号线。

4.4　简述按照应用对象对使用接口进行分类，并各举一例。

4.5　CPU 与外设之间为什么要使用接口？

4.6　接口与外设之间一般要传输哪些信号？

4.7　CPU 与外设之间的数据传送有哪几种控制方式？分别做简要说明。

4.8　一个条件传送的输出接口，其数据和状态端口地址分别为 205H 和 206H，忙状态位用 D0 传送，输出数据时可启动外设，将存储器 BUFFER 缓冲区中的 5000 字节数据输出。

（1）画出电路逻辑图。

（2）画出程序流程图。

（3）编写程序段。

4.9 设计一个查询式输入接口电路，请简答：

（1）该电路有几个端口？各传送什么性质信息？

（2）请说明其工作原理。

（3）编写出查询的程序。

4.10 简要说明 DMA 传送方式占用总线的方法及原理。

4.11 简述 DMA 的传送过程（从申请总线到释放总线）。

4.12 计算机的 I/O 传送中，与程序查询传送和程序中断传送相比，DMA 传送的主要优点是什么？

4.13 说明 DMAC8237 的主要功能与特点。

4.14 简要说明 8237A 四种基本传送方式的特点。

4.15 简要说明 8237A 三种传送类型。

4.16 简要说明 8237A 的两种 DMA 启动方式和两种 DMA 结束方式。

4.17 说明 8237A 基地址寄存器、当前地址寄存器、基字节数计数器、当前字节数计数器的作用。

4.18 8237A 的信号线 IOW 和 IOR 是单向的还是双向的？为什么？

4.19 如何理解 8237A 的软件命令？

4.20 说明 8237A 和页面寄存器联合形成 20 位地址的方法。

4.21 说明 8237A 中正常时序、压缩时序、扩展时序的含义。

第5章 中　　断

5.1　概　　述

5.1.1　中断的基本概念

1. 中断源

中断描述了一种 CPU 处理程序的过程。CPU 在正常执行当前程序时，由某个事件引起 CPU 暂时停止正在执行的程序，进而转去执行请求 CPU 暂时停止的相应事件的服务程序，待该服务程序处理完毕后又返回继续执行被暂时停止的程序，这一过程称为中断。常将实现中断功能的硬件和软件合称为中断系统。

除了外部事件引起的硬件中断外，还把程序触发的内部中断（称为软件中断，或软中断）和在执行指令过程中产生的一些异常情况处理（称为异常中断，或异常）也归并到中断处理的范畴，而将传统的外部中断简称为中断。能够触发中断、软中断及异常的因素均被称为中断源。

中断、软中断及异常是有区别的，软中断是由指令触发的，异常是用来处理在执行指令期间 CPU 本身对检测出来的某些异常事情做出的响应，而中断是 CPU 外部因素触发的。但是，中断、软中断和异常的响应中，CPU 暂时停止执行当前的程序，去执行服务程序的过程基本是一样的。

图 5.1.1 给出了一个用外部中断实现输入设备的数据输入控制和系统电源检测的应用例子。三个输入设备（A、B、C，对应的数据端口地址分别为 20H、40H、60H）和一个电源掉电中断源，CPU 中设有一个中断允许触发器，三个可屏蔽中断请求输入端 INTR0、INTR1、INTR2 用于输入三个设备中断请求，一个非屏蔽中断请求输入端 NMI 用于监测电源状态。中断请求触发器把接口是否有新的数据输入等待读取的状态作为中断请求信号；中断允许触发器是在 CPU 内部控制是否响应可屏蔽中断的逻辑，可由指令设置允许（状态 1）或禁止（状态 0）。下面以设备 A 为例，说明数据输入基本工作过程。

（1）当设备 A 把一个数据通过选通信号送入输入锁存器 A 时，由于其连接到中断请求触发器 A 的 CP 端，选通信号同时把中断请求触发器 A 置为 D 端设置的"1"状态，其 Q 端输出的"1"状态通过 INTR0 向 CPU 发中断请求。

（2）CPU 接到请求，如果中断允许，则响应中断，转到中断处理程序。

（3）在中断处理程序中执行 IN AL,20H 指令，该指令的 I/O 地址 20H 经地址译码器输出端控制三态缓冲器 A 输出，数据经数据总线送入 AL 中，同时地址译码器输出端（20H）控制中断请求触发器 A 复位端 R，使其为"0"，即撤销中断请求。

这样就完成了数据输入，并清除了数据端口状态。当再有新的数据输入时，又重新执行以上过程。

如果系统电源异常，则会触发 NMI 请求，非屏蔽中断处理程序做出响应。

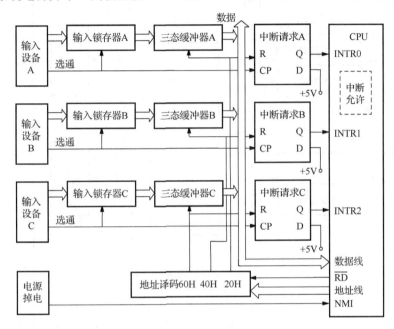

图 5.1.1 最简单的中断接口电路

2. 中断优先级

在有多个中断源同时请求中断的情况，CPU 必须确定首先为哪一个中断源服务，以及服务的次序，这就是所谓中断优先级问题。通常，解决中断的优先级问题的方法有以下几种：软件查询确定优先级和硬件优先级排队电路确定优先级。

图 5.1.2 是一个支持软件查询确定中断优先级的示意图。三个输入设备（A、B、C，对应的数据端口地址分别为 20H、40H、60H）对应的中断状态触发器为"1"表示有新数据输入（就绪），它们通过一个或门连接到一个可屏蔽终端输入端 INTR。三个中断请求任何一个为 1，CPU 都会接到中断请求。中断请求状态的端口地址为 80H。下面说明通过查询确定中断源优先级的基本工作过程。

（1）当 CPU 接到请求时，通过输入指令 IN AL，80H 把三个设备中断请求的状态输入到寄存器 AL（A、B、C 三个设备中断请求状态分别对应 AL 的 D0、D1、D2）。

（2）CPU 按照中断源的优先级顺序查询 AL 中对应位的状态。假设优先级依次为 A、B、C，则查询按照 D0、D1、D2 的顺序进行。

（3）如果 D0 为 1，则转入设备 A 的中断处理程序，通过执行 IN AL,20H 读取 A 的数据。A 请求处理后，查询 D1 是否为 1，并依此类推。

（4）如果查询时某位为 0，表示这个设备没有请求，接着查询下一位。

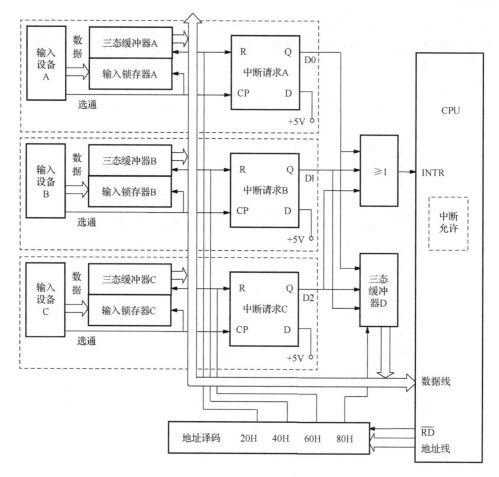

图 5.1.2 软件查询确定中断优先级的中断接口电路

显然，查询顺序就是优先级顺序，查询的方式也决定了优先级处理方式。当所有位查询并处理后结束这次中断。

图 5.1.3 是采用菊花链电路的中断优先级仲裁逻辑。三个输入设备对应的中断状态触发器为"1"表示"就绪"，它们取反后通过"线或"连接到中断请求输入端 INTR，任何一个有中断请求时 INTR 都会有效，CPU 响应 INTR 时发送中断响应应答信号。当连接离 CPU 近的中断源接收到 CPU 响应应答时：如果它没有发请求，就忽略这个应答信号并向后传递；如果它发出了请求，会阻止应答信号向后续中断源传送，并把本中断源的识别信息（在 80x86 系统中为中断类型码）发送给 CPU，CPU 根据这个信息识别中断源，并为其服务。当其中断服务后，后面的请求的中断源才会接到响应应答信号。显然，在这个链中，离 CPU 近的优先级高。下面说明其基本工作过程：

（1）当有任何一个外设发送请求时，INTR 变高，CPU 接到一个中断请求，如果中断允许，则响应这个中断。

（2）响应中断时，CPU 通过 $\overline{\text{INTA}}$ 发出低电平应答信号。如果接到应答信号的菊花链电路对应的外设没有发送请求，则应答信号向下传递。

（3）如果接收到应答信号的菊花链电路对应的外设发送了请求，则其认为是请求被响应，并通过"菊花链逻辑电路"停止应答信号向下传递（后续设备接收不到应答），同时通过数据线向 CPU 发送其识别信息。

（4）CPU 根据识别信息找到中断服务程序，为其服务并撤销应答，本外设撤销请求状态。

（5）如果还有没被响应的请求，INTR 仍然为有效，会触发又一次中断请求和响应过程。

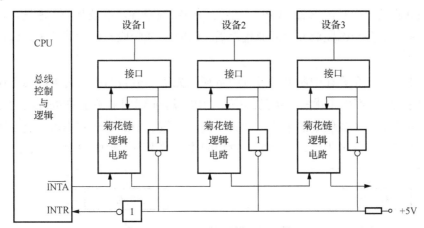

图 5.1.3　菊花链确定优先级的中断接口电路

在实际系统中，为了提高优先级控制的灵活性，通常采用一种折中方案，即在图 5.1.3 中菊花链确定优先级的中断接口电路的基础上，对每一个外设的请求增加一个屏蔽触发器，如图 5.1.4 所示。只有当此触发器为"1"时，外设的中断请求才能通过与门送出。把 4 个外设的中断屏蔽触发器组成一个端口（即中断屏蔽寄存器），可以通过写入这个端口的数据来控制哪些设备能够发送请求哪些不能发送请求（屏蔽状态）。

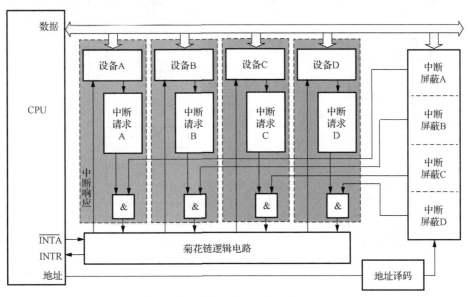

图 5.1.4　具有中断屏蔽的接口电路

5.1.2　中断处理过程

微型计算机系统的可屏蔽中断处理过程的流程如图 5.1.5 所示，该图中的中断服务程序部分（图中虚线箭头所指部分）包括一个多重中断的处理过程（图中虚线框部分），若把该部分中的五个虚线框去掉，就是一个单重中断服务程序的处理流程。

如果响应某个中断请求后，CPU 只能为该中断源服务，不被其他中断请求所打断，只有本次中断服务全部完成并返回原程序后，CPU 才能响应新的中断请求，这种情况称为单重中断。

多重中断方式允许在中断服务过程中响应优先级别更高的中断请求。当正在执行中断服务程序时，又产生了优先级更高的中断请求，这时 CPU 挂起正在处理的优先级较低的中断，转而响应优先级高的中断，待具有高优先级的中断处理完毕后，返回继续执行优先级较低的中断服务程序。这种处理过程叫作多重中断，也叫作中断嵌套。

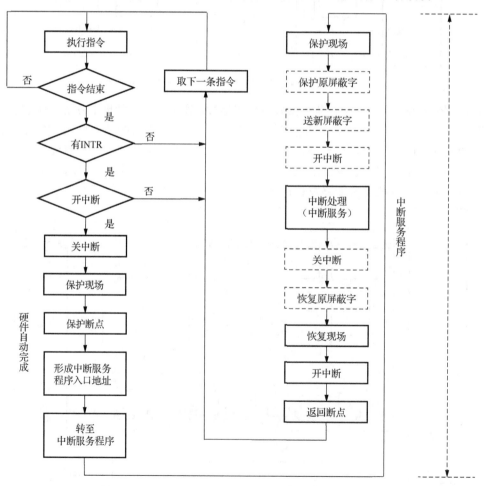

图 5.1.5　可屏蔽的中断处理基本过程

5.2 Pentium 的中断机制

5.2.1 中断类型

Pentium 的中断机制如图 5.2.1 所示，它最多能处理 256 个中断源，每个中断源都有一个 8 位二进制数的中断类型码（0～255），用以识别这个中断源。Pentium 的 256 个中断源可分成四类，即可屏蔽中断（INTR）、非屏蔽中断（NMI）、软中断（执行 INT n、INT3、INTO、BOUND 指令引起的中断）、异常。

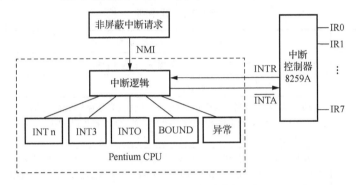

图 5.2.1　Pentium 的中断机制示意图

1. 可屏蔽中断 INTR

可屏蔽中断是 INTR 引脚输入的中断。当接收到一个 INTR 引脚高电平信号，并且中断允许标志位 IF 为 1 时，在当前指令执行之后，响应 INTR 引脚的中断请求。如图 5.2.2 所示，CPU 对 INTR 中断请求的响应过程是执行两个中断响应总线周期。

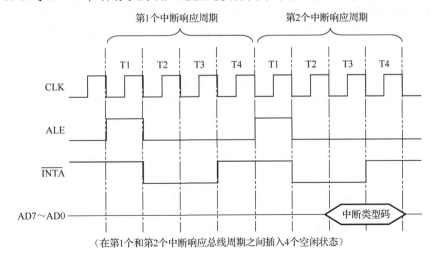

（在第1个和第2个中断响应总线周期之间插入4个空闲状态）

图 5.2.2　中断响应总线周期

第一个中断响应周期 $\overline{\text{INTA}}$ 信号通知中断控制器中断请求已被接受。第二个中断响应周期 $\overline{\text{INTA}}$ 信号有效时，中断控制器把请求服务的中断源中断类型码送到数据总线。

2. 非屏蔽中断 NMI

非屏蔽中断是由 NMI 引脚输入一个上升沿信号触发的中断，不受中断允许标志 IF 的影响，出现中断请求时，当前指令结束就会响应。NMI 的中断类型码固定为 2。

3. 软中断

如表 5.2.1 所示，软中断包括 INT n、INT3、INTO、BOUND 指令。

表 5.2.1　软中断

指令	说明
中断指令 INT n	使 CPU 进入中断类型码 n 的中断服务程序，n 为 8 位的无符号数
中断指令 INT3	使 CPU 进入类型为 3 的中断服务程序
中断指令 INTO	当溢出标志 OF 为 1 时，执行 INTO 指令就会进入类型为 4 的溢出中断服务程序；当 OF 为 0 时执行 INTO 指令，也会进入中断服务程序，但此时中断处理程序仅仅是对标志进行测试，然后返回主程序
中断指令 BOUND	BOUND 指令有两个操作数，它把寄存器中的内容与连续存放在存储器单元中的 2 个字类型的数据进行比较。例如，指令 "BOUND AX, DATA"，把 AX 与 DATA 和 DATA+1 两个单元构成的字相比较，还与 DATA+2 和 DATA+3 两个单元构成的字相比较。如果 AX 小于 DATA 和 DATA+1 中内容，或 AX 大于 DATA+2 和 DATA+3 中内容，发生类型 5 中断；如果 AX 在这两个字的范围内，则不发生中断

4. 异常简介

异常不是外部硬件产生的，也不是用软件指令产生的，而是在 CPU 执行一条指令过程中出现的错误或检测到的非正常情况下自动产生的。除单步（陷阱）中断外，异常返回地址指向程序中产生的中断指令，而不是指向产生中断指令的下一条指令。表 5.2.2 是一些异常。

表 5.2.2　异常

异常	说明
类型 0 除法出错	在执行除法指令后结果溢出或遇到除数为 0 的情况，则 CPU 会自动产生类型码为 0 的异常
类型 1 单步（陷阱）	陷阱标志位 TF 为 1 时，每执行一条指令后，就产生一次类型码为 1 的异常
类型 6 无效操作码	在程序中遇到未定义的操作码时产生类型码为 6 的异常
类型 7 设备不可用	两种情况产生类型码为 7 的异常：①执行 ESC（处理机脱离）指令，且控制寄存器 CR0 中的 EM（模拟协处理器）位被置成 "1"；②执行 WAIT 指令，且控制寄存器 CR0 中的 MP（监控协处理器位）=1，或执行了一条 ESC 指令，且控制寄存器 CR0 的 TS（任务切换）位被置为 "1"
类型 8 双故障	在调用一个异常处理程序时又检测到了一个异常，产生类型为 8 的异常

异常	说明
类型 10 无效任务状态段	试图把任务转换到一个具有无效任务状态段的段内时,产生类型为 10 的异常
类型 11 段不存在	当描述符中的 P 位指示段不存在或无效时(P=0),产生类型码为 11 的异常
类型 12 堆栈段超限	如果堆栈段不存在(P=0)或堆栈段超限,产生类型码为 12 的异常
类型 13 一般保护	在保护模式下,违背了保护规则将引起一个一般保护异常,产生类型码为 13 的异常
类型 14 页面出错	访问页面出错的存储器时,产生类型码为 14 的异常
类型 16 浮点错	浮点错故障是由浮点算术运算指令产生的一种错误信号,这时产生类型码为 16 的异常
类型 17 对齐(对准)检查故障	对齐检查故障是在对非对齐的操作数进行访问时产生的,这时产生类型码为 17 的异常
类型 18 机器检查	在 Pentium~PentiumⅡ激活一个系统存储器管理模式时,产生类型码为 18 的异常

5.2.2 实模式中断处理机制

在实模式,Pentium 处理中断的机制与 8086 相似,采用中断向量表(图 1.2.2)存放中断服务程序入口的逻辑地址。实模式下对中断的基本处理过程如图 5.2.3 所示。

中断处理的基本过程如下。

(1)在执行指令的最后一个总线周期的最后一个 T 状态时,查询系统是否有中断发生,没有中断执行下一条指令。

(2)当有中断请求时,按照中断源的特点进入相应的响应过程,获取中断类型码,进入中断处理过程。

(3)保护断点:标志寄存器入栈,当前 CS、IP 入栈。把 TF 暂存到 TEMP。关中断及单步功能:IF=0、TF=0。

(4)通过中断类型码查中断向量表,由中断类型码乘以 4 得到中断向量地址,由此地址开始的前 2 个单元存放的就是中断处理程序入口地址的偏移地址,后 2 个单元存放的就是中断处理程序入口地址的段地址。将中断服务程序入口地址的段地址和偏移地址分别送入 CS 和 IP。

(5)查询是否有 NMI 信号,如果有启动 NMI 的中断处理,否则按照 CS:IP 执行程序(进入中断服务程序)。

(6)查看 TEMP 状态,如果为 1,启动单步中断的中断处理,否则按照 CS:IP 执行程序(进入中断服务程序)。

(7)在中断服务程序中,遇到 RETI 指令(中断返回指令),从堆栈弹出返回地址送给 CS:IP,弹出标志送标志寄存器,返回断点。

在查询 NMI 时,如果本中断就是 NMI,因为 NMI 是边沿触发,一次请求不会被多次响应。在查询 TEMP 时,如果本中断就是 TF 触发的,则 TEMP 为 1,会再次响应。但因为在第一次进入响应时,TF 已被清 0,第二次响应时 TEMP 一定为 0,不会发生死循环,但会被响应两次。

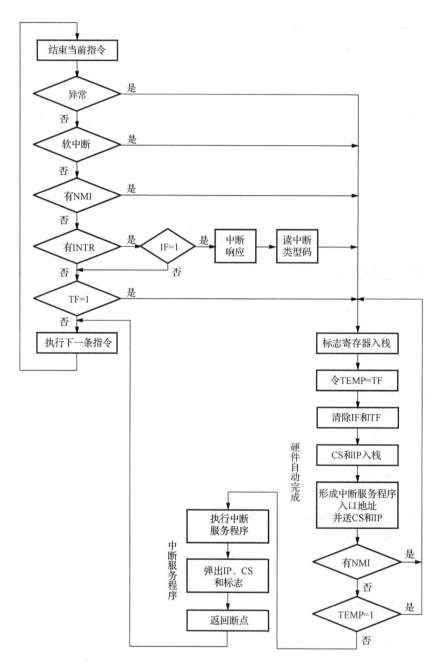

图 5.2.3   实模式下中断的基本处理过程

5.2.3   保护模式中断处理机制

在保护模式下的中断处理，除了确定中断服务程序入口的方式之外，其他部分与实模式相似。在保护模式下，用中断描述符表 IDT 查找中断服务程序入口，基本过程如图 5.2.4 所示。

例 5.2.1　某设备对应中断源类型码为 40H，在保护模式下，中断服务程序入口为 1234:00 11 22 33H。应怎么设置中断描述符表 IDT 中相应单元内容？并说明中断时转入中断服务程序的基本过程（只考虑能够实现转移时得到中断服务程序入口地址的过程）。

设置 IDT 时，根据中断描述符表结构（一个描述符占 8 字节），40H 号中断的中断门描述符应当存放在 IDT 中 40H×8=200H 位置开始的 8 字节中。按照门描述符的结构，如表 2.3.8 所示，IDT 基地址+200H 位置开始，依次存放中断程序入口偏移地址的 7～0 位 33H、15～8 位 22H，段选择符的 7～0 位 34H、15～8 位 12H，2 字节的属性，偏移地址的 23～16 位 11H、31～24 位 00H。

根据图 5.2.4，40H 号中断被响应时，IDTR 给出的 IDT 基地址，加上类型码 40H 乘 8 得到本中断门描述符在 IDT 中位置，按门描述符的结构取出程序入口地址 1234:00 11 22 33H，并把段选择符 1234H 送 CS，偏移地址 00 11 22 33H 送 EIP。

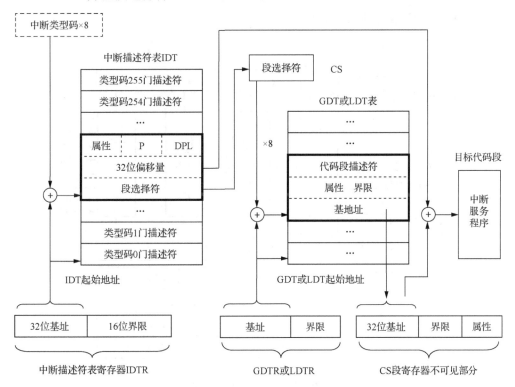

图 5.2.4　Pentium 在保护模式下中断转移的过程示意图

5.3　可编程中断控制器 Intel 8259A

外部中断源往往通过中断控制器实现与 CPU 的连接，Intel 8259A（以下称 8259A）可编程中断控制器是针对 8086～Pentium 的 INTR 与外部中断源连接而设计的一种器件。8259A 的主要功能如下。

（1）每片 8259A 可管理 8 级优先权中断源，在基本不增加其他电路的情况下，通过 8259A 的级联，最多可管理 64 级优先权的中断源。

（2）对任何一个级别的中断源都可单独进行屏蔽，使该级中断请求暂时被禁止，直到取消屏蔽时为止。

（3）向 CPU 提供可编程的标识码，对于 8086～Pentium 的 CPU 来说就是中断类型码。

（4）有多种工作方式，可通过编程选择。

（5）可与 8086～Pentium 的 CPU 直接连接，不需外加硬件电路。

5.3.1　8259A 的内部结构及引脚功能

1. 8259A 内部结构

8259A 的内部结构如图 5.3.1 所示。

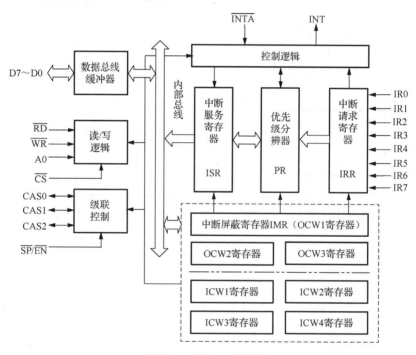

图 5.3.1　8259A 内部结构

中断请求寄存器 IRR 用于寄存所有 IR 输入线输入的中断请求信号，即保存正在请求服务的中断级。

中断服务寄存器 ISR 的主要作用是保存当前被 CPU 服务的中断级，也就是记录正在被处理的中断请求。

优先级分辨器 PR 的主要作用是确定中断请求寄存器 IRR 中各位的优先等级，并确定能否向 CPU 申请中断。

控制逻辑将根据优先级裁决器的请求向 CPU 发出一个中断请求信号，即输出引脚

INT 为 1。如果 CPU 的中断允许标志 IF 为 1，那么，CPU 执行完当前指令后，就可以响应中断。这时，CPU 从 $\overline{\text{INTA}}$ 线上往 8259A 回送两个负脉冲。

第一个负脉冲到达时，8259A 完成以下三个动作：

（1）使 IRR 的锁存功能失效。这样，在 IR0～IR7 线上的中断请求信号就不予接收，直到第二个负脉冲到达时，才又使 IRR 的锁存功能有效。

（2）使当前中断服务寄存器 ISR 中的相应位置 1，以便为中断优先级裁决器以后的工作提供判断依据。

（3）使 IRR 寄存器中的相应位（即刚才设置 ISR 为 1 所对应的 IRR 中的位）清 0。

第二个负脉冲到达时，8259A 完成下列动作：

（1）将中断类型码寄存器 ICW2 中的内容送到数据总线的 D7～D0，CPU 将此作为中断类型码。

（2）如果 ICW4（方式控制字）中的中断自动结束位为 1，那么，在第二个 $\overline{\text{INTA}}$ 脉冲结束时，8259A 将第一个 $\overline{\text{INTA}}$ 脉冲到来时设置的当前中断服务寄存器 ISR 的相应位清 0。

操作命令字寄存器 OCW1～OCW3 用于存放操作命令字。操作命令字由应用程序设定，用于对中断处理过程的动态控制。在一个系统运行过程中，操作命令字可以被多次设置。

初始化命令字寄存器 ICW1～ICW4 是微型计算机系统启动时由初始化程序写入，用于设置 8259A 的工作模式。

数据总线缓冲器是 8 位三态双向缓冲器，通常和 CPU 系统总线中的 D7～D0 相连接，在读/写逻辑的控制下实现 CPU 与 8259A 之间的信息交换。

读/写逻辑是根据 CPU 送来的读/写信号和地址信息，通过数据总线缓冲器有条不紊地完成 CPU 对 8259A 的所有写操作和读操作。

级联控制部分支持通过级联方式扩展中断源。

2. 8259A 引脚功能

8259A 的引脚及功能如表 5.3.1 所示。

表 5.3.1 8259A 引脚及功能

名称	功能及说明
INT	中断请求输出信号。8259A 的判定中断请求信号有效，就在这个引脚上产生一个高电平
$\overline{\text{INTA}}$	中断响应输入信号
D7～D0	8 位数据引脚，在系统中，它们和数据总线相连，从而实现和 CPU 的数据交换
$\overline{\text{RD}}$	读出信号，低电平有效，通知 8259A 将某个内部寄存器的内容送到数据总线上
$\overline{\text{WR}}$	写入信号，低电平有效，通知 8259A 从数据线上接收数据
$\overline{\text{CS}}$	芯片选通信号，低电平有效，通过地址译码逻辑电路与地址总线相连
A0	与 $\overline{\text{WR}}$、$\overline{\text{RD}}$、$\overline{\text{CS}}$ 配合指出当前访问的是哪个寄存器，访问的规则如表 5.3.2 所示

续表

名称	功能及说明
CAS2～CAS0	级联信号，双向，形成 8259A 的专用总线，以便构成多片 8259A 的级联结构。当 8259A 是主片时，CAS2～CAS0 是输出线，在 CPU 响应中断时，输出被选中的从片代码；当 8259A 是从片时，CAS2～CAS0 是输入线，在 CPU 响应中断时，接收主片送出的被选中的从片代码，然后在从片内将接收来的代码与本从片代码相比较看是否一致，从而确定 CPU 响应的是不是本从片的中断请求
$\overline{SP}/\overline{EN}$	当 8259A 工作于级联模式下，用来决定本片 8259A 是主片还是从片。为 1，则 8259A 为主片；为 0，则 8259A 为从片
IR0～IR7	8 级中断源输入端

表 5.3.2　A0 与 $\overline{WR}$、$\overline{RD}$、$\overline{CS}$ 的控制作用

操作类型	$\overline{CS}$	A0	$\overline{RD}$	$\overline{WR}$	功能	特征标志位
写命令操作	0	0	1	0	数据总线→ICW1	命令字中的 D4=1
	0	0	1	0	数据总线→OCW2	命令字中的 D4D3=00
	0	0	1	0	数据总线→OCW3	命令字中的 D4D3=01
	0	1	1	0	数据总线→OCW1、ICW2、ICW3、ICW4	
读状态操作	0	0	0	1	数据总线←IRR	OCW3 中的 RR=1，RIS=0，P=0
	0	0	0	1	数据总线←ISR	OCW3 中的 RR=1，RIS=1，P=0
	0	0	0	1	数据总线←查询字	查询方式
	0	1	0	1	数据总线←IMR	
无操作	1	×	×	×		

5.3.2　8259A 的工作方式

8259A 有 10 种工作方式：全嵌套方式、循环优先级方式、特殊屏蔽方式、程序查询方式、中断结束方式、读 8259A 状态方式、中断请求触发方式、缓冲器方式、特殊的全嵌套方式、多片级联方式。

1. 全嵌套方式

这是最普通的工作方式。8259A 在初始化工作完成后若未设定其他的工作方式，就自动进入全嵌套方式，这种方式的特点如下：

（1）中断请求的优先级固定，其顺序是 IR0 最高，逐次减小，IR7 最低。

（2）中断服务寄存器 ISR 保存优先权电路确定的优先级状态，相应位置"1"，并且一直保持这个服务"记录"状态，直到 CPU 发出中断结束命令为止。

（3）在 ISR 置位期间，不再响应同级及较低级的中断请求，而高级的中断请求如果 CPU 开放中断的话仍能够得到中断服务。

（4）IR0～IR7 的中断请求输入可分别由中断屏蔽寄存器 IMR 的 D7～D0 的相应位屏蔽与允许，对某一位的屏蔽与允许操作不影响其他位的中断请求操作。

全嵌套工作方式由 ICW4 的 D4=0 来确定。

2. 循环优先级方式

循环优先级方式是 8259A 管理优先级相同的设备时采用的中断管理方式，它包括两种：自动循环优先级方式和特殊循环优先级方式。

在自动循环优先级方式中，各设备优先级相同，当某一个设备接受服务之后，它的优先级就自动地排到最后。例如，如果 IR4 刚被服务，IR4 就被赋予最低优先权，IR5 的优先级就最高。

在特殊循环优先级方式与自动循环优先级方式中，通过编程来确定某一设备的中断请求为最低优先级。例如，IR5 被指定为最低优先级，则 IR6 的优先级最高。

3. 特殊屏蔽方式

8259A 的每个中断请求输入信号都可由中断屏蔽寄存器 IMR 的相应位进行屏蔽，IMR 的 D0 对应 IR0，D1 对应 IR1……D7 对应 IR7，相应位为 "1" 则屏蔽中断输入，相应位为 "0" 则允许中断输入。对中断请求输入信号的屏蔽方式一般有两种：正常屏蔽方式和特殊屏蔽方式。

在正常屏蔽方式中，每一个屏蔽位对应一个中断请求输入信号，屏蔽某一个中断请求输入信号对其他请求信号没有影响。未被屏蔽的中断请求输入信号仍然按照设定的优先级顺序进行工作，而且保证当某一级中断请求被响应服务时，同级和低级的中断请求将被禁止。

在特殊屏蔽方式中，所有未被屏蔽的位被全部开放，无论优先级别是低还是高，都可以申请中断。

4. 程序查询方式

程序查询方式是不使用中断，用软件寻找中断源并为之服务的工作方式。在这种方式下，8259A 不向 CPU 发送 INT 信号（实际上是 8259A 的 INT 信号不连到 CPU 的 INTR 信号上），或者 CPU 关闭自己的中断允许触发器，使 IF=0，禁止中断输入。申请中断的优先级不是由 8259A 提供的中断类型码而是由 CPU 发出查询命令得到的。

查询时，CPU 先向 8259A 发出查询命令，8259A 接到查询命令后，就把下一个 IN 指令（对偶地址端口的读指令）产生的 $\overline{RD}$ 脉冲作为中断响应信号，此时，若有中断请求信号，则在 ISR 中相应位置 "1"，并把该优先级送上数据总线。在 $\overline{RD}$ 期间 8259A 送上数据总线供 CPU 读取查询的代码格式为

D7	D6	D5	D4	D3	D2	D1	D0
I	—	—	—	—	W2	W1	W0

其中，I 是中断请求标志，I=1 表示有中断请求，此时 W2W1W0 有效，W2W1W0 就表

示申请服务的最高中断优先级。I=0 表示没有中断请求，此时 W2W1W0 无效。例如读入的查询代码是 83H，则表示有中断请求，申请中断的优先级输入是 IR3。

在查询方式下，CPU 不需执行中断响应周期，不必安排中断向量表，8259A 能自动提供最高优先级中断请求信号的二进制代码，供 CPU 查询。

5. 中断结束方式

所谓中断结束方式是指中断如何结束的方法，这里的"结束"是指如何和何时使 8259A 中 ISR 的相应位清 0。8259A 的中断结束方式有两种：命令中断结束方式（EOI）和自动中断结束方式（AEOI）。

在自动中断结束方式（AEOI）下，8259A 自动地在最后一个 $\overline{\text{INTA}}$ 中断响应脉冲的后沿将中断服务寄存器 ISR 中的相应位清 0。

命令中断结束方式（EOI）是在中断服务程序返回之前，向 8259A 发送中断结束命令（EOI），使 ISR 中的相应位清 0。它包括以下两种情况：

（1）非特殊 EOI 命令。全嵌套方式下的中断结束命令称为非特殊 EOI 命令，该命令能自动地把当前 ISR 中的最高优先级的那一位清 0。

非特殊 EOI 命令是由 OCW2 的 R=0、SL=0、EOI=1 确定的。

（2）特殊 EOI 命令。非全嵌套方式下的中断结束命令称为特殊 EOI 命令。

6. 读 8259A 状态方式

读 8259A 的状态是指读 8259A 内部的 IRR、ISR 和 IMR 的内容。

（1）读 IRR。先发出 OCW3 命令（使 RR=1、RIS=0，地址 A0=0），在下一个 $\overline{\text{RD}}$ 脉冲时可读出 IRR，其中包含尚未被响应的中断源情况。

（2）读 ISR。先发出 OCW3 命令（使 RR=1、RIS=1，地址 A0=0），在下一个 $\overline{\text{RD}}$ 脉冲时可读出 ISR，其中包含正在服务的中断源情况，也可看中断嵌套情况。

（3）读 IMR。不必先发 OCW3，只要读奇地址端口（A0=1），则可读出 IMR，其中包含设置的中断屏蔽情况。

7. 中断请求触发方式

8259A 的中断请求寄存器 IRR 中有 8 个中断请求触发器，分别对应 8 个中断请求信号的输入端 IR0～IR7，这些触发器的触发方式有两种，即边沿触发和电平触发。

边沿触发方式是当输入端有从低电平到高电平的正跳变时，产生中断请求（IRR 中相应位的触发器被触发置"1"，而不是直接向 CPU 申请中断）。

电平触发方式是输入端产生高电平时产生中断请求。

8. 缓冲器方式

所谓缓冲器方式就是在 8259A 和数据总线之间挂接总线驱动器的方式。在缓冲器方式下，$\overline{\text{SP}}/\overline{\text{EN}}$ 引脚将使用 $\overline{\text{EN}}$ 功能，并使之输出一个有效低电平，开启缓冲器工作。该方式多用于级联的大系统。

9. 特殊的全嵌套方式

该方式适用于多片级联，且必须将优先级保存在各从片 8259A 中的大系统。该方式与普通的全嵌套方式工作情况基本相同，区别在于以下两点：

（1）当某从片的一个中断请求被 CPU 响应后，该从片的中断仍未被禁止（即没有被屏蔽），该从片中的高级中断仍可提出申请（全嵌套方式中这样的中断是被屏蔽的，因为这种中断对从片而言后者是高级中断，可以嵌套，但对主片而言，由于它们来自同一个从片，故中断优先级相同，而在全嵌套方式中，同级和低级中断是被禁止的）。

（2）在某个中断源退出中断服务程序之前，CPU 要用软件检查它是否是这个从片中的唯一中断。检查办法是：送一个非特殊中断结束命令（EOI）给这个从片，然后读它的 ISR，检查是否为 0，若为 0 则唯一，即只有这一个中断在被服务，没有嵌套。若不为 0 则不唯一，说明还有其他的中断在被服务，该中断是嵌套在其他中断里的。只有唯一时，才能把另一个非特殊 EOI 命令送至主片，结束此从片的中断。否则，如果过早地结束主片的工作记载而从片尚有未处理完的嵌套中断的话，整个系统的中断嵌套环境就会混乱。

10. 多片级联方式

在级联系统中，每个从片的中断请求输出线 INT 直接连到主片的某个中断请求输入线上，主片的 CAS0～CAS2 是输出线，输出被响应的从片代码，从片的 CAS0～CAS2 是输入线，接收主片发出的从片代码，以便与自身代码相比较。级联方式的要点如下：

（1）一个 8259A 主片至多带 8 个从片，可扩展至 64 级。

（2）缓冲方式下，主片和从片的设定由 ICW4 的 M/S 位确定，M/S=1 是主片，M/S=0 是从片。M/S 的状态在 BUF=1 时有意义。

（3）在非缓冲方式下，主片和从片由 $\overline{\text{SP}}/\overline{\text{EN}}$ 引脚的 $\overline{\text{SP}}$ 功能确定，$\overline{\text{SP}}$=1 是主片，$\overline{\text{SP}}$=0 是从片。

（4）在级联系统中，主片的三条级联线相当于从片的片选信号，从片的 INT 是主片的中断请求输入信号。

（5）主片和从片需要分别进行初始化操作，可设定为不同的工作方式。

5.3.3 8259A 的编程

8259A 是一个可编程器件，为了使 8259A 实现预定的中断管理功能，按预定的方式工作，就必须对它进行初始化编程。所谓初始化编程是指系统在上电或复位后对可编程器件进行控制字设定的一段程序。8259A 的命令控制字包括两个部分，即初始化命令字和操作命令字。其写入的地址参照表 5.3.2。

1. 初始化命令字

初始化命令字有 4 个：ICW1、ICW2、ICW3、ICW4。8259A 在进入正常工作之前，必须将系统中的每一个 8259A 进行初始化设置。初始化命令字的写入必须按照图 5.3.2 规定的顺序。

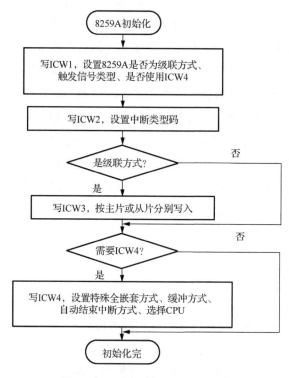

图 5.3.2　8259A 的 ICW 写入顺序

ICW1 的主要功能是确定级联方式、触发方式，其格式及各位的具体定义如图 5.3.3 所示。写入 ICW1 后，8259A 内部自动复位，其复位功能如下：

（1）初始化命令字顺序逻辑重新置位，准备接收 ICW2、ICW3、ICW4。

（2）清除 IMR 和 ISR。

（3）IRR 状态可读。

（4）优先级排队，IR0 最高，IR7 最低。

（5）特殊屏蔽方式复位。

（6）自动 EOI 循环方式复位。

ICW2 的主要功能是确定中断向量、中断类型码。其格式及各位的具体定义如图 5.3.4 所示。中断类型码的高 5 位就是 ICW2 的高 5 位，而低 3 位的值则由 8259A 按引入中断请求的引脚 IR0～IR7 三位编码值自动填入。

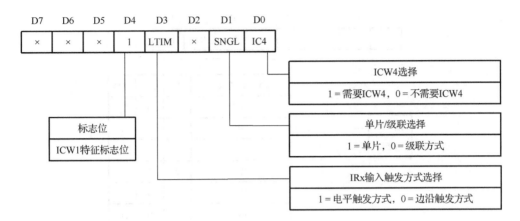

图 5.3.3 8259A 的 ICW1 格式（A0=0）

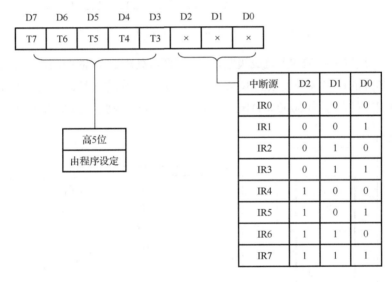

图 5.3.4 8259A 的 ICW2 格式（A0=1）

ICW3 的主要功能是确定主片、从片的级联状态，即确定主片的连接位和从片的编码。ICW3 仅用于 8259A 的级联方式，它分为主片 ICW3 和从片 ICW3 两种格式。主片 ICW3 具体定义如图 5.3.5 所示，从片 ICW3 的格式及各位的具体定义如图 5.3.6 所示。

图 5.3.5 8259A 的 ICW3 主片格式（A0=1）

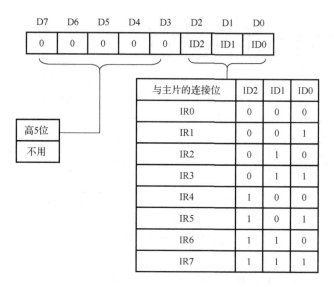

图 5.3.6　8259A 的 ICW3 从片格式（A0=1）

例 5.3.1　通过 3 片 8259A 组成级联，实现最多可处理 22 级的中断源的例子如图 5.3.7 所示。各个芯片的设置级联关系的 ICW3 控制字为：主片的 ICW3 控制字为 00001100B；从片 1 的 ICW3 控制字为 00000011B；从片 2 的 ICW3 控制字为 00000010B。

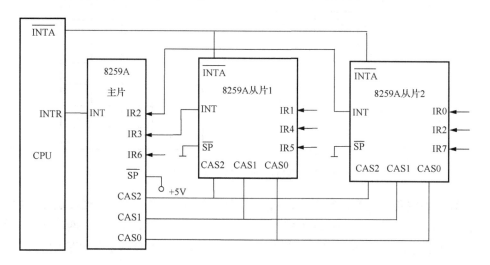

图 5.3.7　3 片 8259A 的级联

ICW4 的主要功能是选择 CPU 系统、确定中断结束方式、规定是主片还是从片、选择是否采用缓冲方式。ICW4 的格式及各位的具体定义如图 5.3.8 所示。

写完初始化命令字后，8259A 已经建立了基本的工作环境，可以接受中断请求，也可以写入操作命令字 OCW 来改变某些中断管理方式。操作命令字可以随时写入、修改，但初始化命令字一经写入一般不再改动。

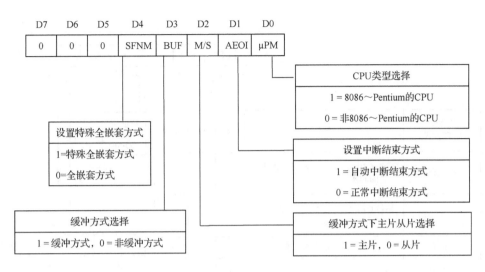

图 5.3.8　8259A 的 ICW4 格式（A0=1）

2. 操作命令字

8259A 有三种操作命令字：OCW1、OCW2 和 OCW3。

OCW1 的主要功能是保存中断屏蔽字，其格式及各位的具体定义如图 5.3.9 所示。

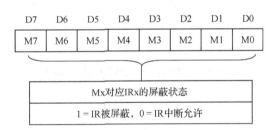

图 5.3.9　8259A 的 OCW1 格式（A0=1）

OCW2 的主要功能是控制 8259A 的中断循环优先级方式及发送命令中断结束方式。操作命令字 OCW2 的格式及各位的具体定义如图 5.3.10 所示。

在 OCW2 的格式字中，R 位用来设置中断级别的优先级是否采用循环方式。SL 位用来决定本操作命令字中的 L2～L0 三位编码是否有效，如为 1，则有效，否则为无效。L2～L0 位有两个用处，一是当 OCW2 给出特殊的中断结束命令时，L2～L0 指出了具体要清除当前中断服务寄存器中的哪一位，二是当 OCW2 给出特殊的优先级循环方式命令字时，L2～L0 指出了循环开始时哪个 IRx 中断的优先级最低。EOI 位用于表示 OCW2 是否作为非自动中断结束命令。当 EOI 为 0 时，表示 OCW2 不作为非自动中断结束命令。当 EOI 为 1 时，表示 OCW2 作为非自动中断结束命令，即用命令使当前中断服务寄存器中的对应位 ISRx 复位。

OCW3 的主要功能是：设定查询方式、特殊屏蔽方式、寄存器读取方式。操作命令字 OCW3 的格式及各位的具体定义如图 5.3.11 所示。

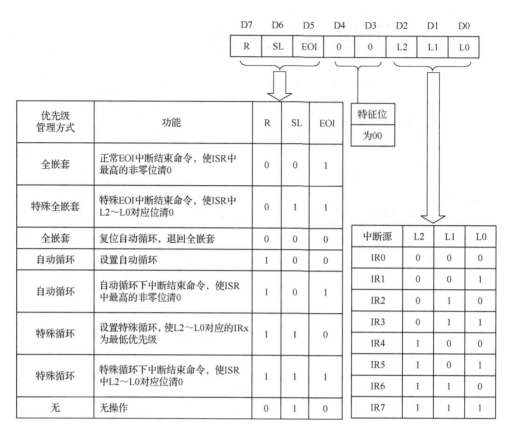

图 5.3.10　8259A 的 OCW2 格式（A0=0）

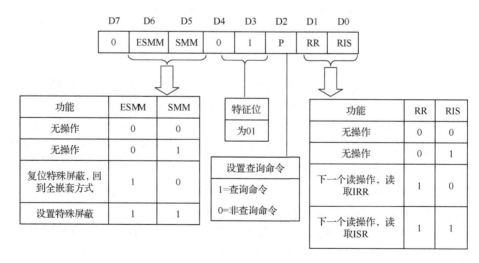

图 5.3.11　8259A 的 OCW3 格式（A0=0）

5.3.4 8259A 的应用示例

例 5.3.2 8259A 单片应用。

在某 8088 系统中扩展一片中断控制器 8259A，其端口地址由 74LS138 译码器译码选择，假设为 8CH 和 8DH。中断源的中断请求线连到 IR7 输入线上，采用边沿触发方式，IR7 的中断类型码为 77H，其他条件保持 8259A 的复位设置状态。要求：写出 8259A 的初始化程序；写出中断类型码为 77H 的中断向量设置程序。

（1）8259A 的初始化程序。

初始化程序包括写入 ICW1、ICW2 和 ICW4（由于单片使用，不需写入 ICW3），并且必须按规定的顺序写入。

① ICW1 命令字。单片，边沿触发，需要 ICW4，故为 00010011B=13H，写入偶地址。

② ICW2 命令字。IR7 的中断类型码为 77H，即可作为 ICW2 命令字写入，写入奇地址。

③ ICW4 命令字。8088 CPU，一般全嵌套方式，正常 EOI 结束，非缓冲方式，故命令字的组合为 00000001B=01H，写入奇地址。

④ OCW1 命令字。系统只使用了 IR7，为防止干扰，产生误动作，应将 IR0～IR6 屏蔽掉，屏蔽字为 01111111B=7FH，写入奇地址。

⑤ 初始化程序段为

```
CLI
MOV    AL,13H      ; ICW1
OUT    8CH,AL
MOV    AL,77H      ; ICW2
OUT    8DH,AL
MOV    AL,01H      ; ICW4
OUT    8DH,AL
MOV    AL,7FH      ; OCW1
OUT    8DH,AL
STI
```

（2）中断类型码 77H 的中断向量设置程序。

假设相应中断服务程序名为 INTP，该符号地址包含段值属性和偏移地址属性，将这二者分别存入中断向量地址，中断类型码 77H 的中断向量地址为 77H×4=1DCH，即占用 1DCH～1DFH 等 4 个单元，其中 1DEH～1DFH 存放 INTP 的段地址，1DCH～1DDH 存放 INTP 的偏移地址。

用串指令完成中断向量的设置，程序如下：

```
CLI
MOV    AX,0
```

```
MOV    ES,AX              ；中断向量表段地址
MOV    DI,1DCH            ；中断向量表偏移地址
MOV    AX,OFFSET INTP     ；中断服务程序偏移地址
CLD
STOSW
MOV    AX,SEG INTP        ；中断服务程序段地址
STOSW
STI
```

习　题

5.1　什么叫中断？在微型计算机系统中为什么要使用中断？

5.2　什么叫中断源？

5.3　Pentium 内部有哪几类中断？简要说明各类的特点。

5.4　在 Pentium 中中断和异常有何异同？

5.5　通常 CPU 响应外部中断的条件有哪些？

5.6　简述 CPU 响应中断后，中断处理的过程。用流程图表示。

5.7　什么情况下需要有中断判优机构？给出两种解决中断优先级的方法。

5.8　什么叫中断向量？结合中断向量表，说明在实模式下 Pentium 可屏蔽中断是怎样获得中断向量，并转入中断服务程序的。

5.9　结合中断描述符表 IDT，说明在保护模式下 Pentium 可屏蔽中断是怎样获得中断向量，并转入中断服务程序的。

5.10　8259A 芯片是一种什么类型的芯片？试说明 8259A 芯片的主要功能。

5.11　说明 8259A 的中断优先权管理方式的特点。

5.12　说明 8259A 的中断结束方式的特点。

5.13　说明 8259A 中断控制器中 IRR、ISR 和 IMR 三个寄存器的功能。

5.14　简要说明 Pentium 的中断系统。

5.15　简述 8259A 如何在特殊全嵌套方式下实现全嵌套。

5.16　设已编写好类型码为 0AH 的中断服务程序为

```
INT-ROUT  PROC  FAR
......
......
IRET
INT-ROUT  ENDP
```

编写一段程序，实现实模式下该中断的中断向量在中断向量表中的装填。

5.17　8259A 的电平触发中断的方式用于什么场合？使用时应注意什么问题？

5.18　CPU 对中断响应和对 DMA 响应有什么不同，为什么？

5.19　Pentium 在响应单片 8259A 的中断过程中连续执行两个 INTA 中断响应周期，每个周期的功能是什么？

5.20　8259A 设置为自动循环优先权方式，在处理完当前 IR4 的中断服务程序后，试指出 8259A 的优先权排队顺序。

5.21　试述 8259A 的初始化编程过程。

第6章 可编程接口芯片及其应用

可编程接口芯片通常被设计成具有多项功能或多种工作方式，用户在使用时通过编程选择自己所需的功能或工作方式。本章通过 Intel 8255A、Intel 8253 说明可编程并行接口和可编程计数器/定时器接口的基本原理和应用。

6.1　可编程并行输入输出接口芯片 Intel 8255A

Intel 8255A（以下称为 8255A）是一种通用的可编程序并行 I/O 接口芯片，可以作为并行数据设备与 CPU 的接口。

6.1.1　8255A 的内部结构及引脚功能

8255A 引脚及内部结构如图 6.1.1 所示，内部结构由数据端口、组控制电路、数据总线缓冲器、读/写控制逻辑四部分组成。

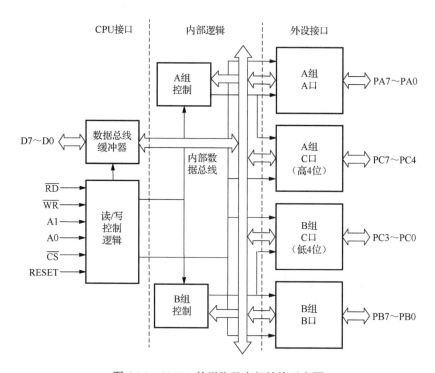

图 6.1.1　8255A 的引脚及内部结构示意图

1. 数据端口

8255A 有 3 个 8 位数据端口：端口 A、端口 B 和端口 C，分别简称为 A 口、B 口和 C 口。A 口有一个 8 位数据输入锁存器和一个 8 位数据输出锁存/缓冲器。B 口有一个 8 位数据输入缓冲器和一个 8 位数据输出锁存/缓冲器。C 口有一个 8 位数据输入缓冲器和一个 8 位数据输出锁存/缓冲器。通常 A 口与 B 口用作输入输出的数据端口，C 口用作控制或状态信息的端口。

A 口、B 口和 C 口对外的引脚分别是 PA7～PA0、PB7～PB0 和 PC7～PC0。每个口都可由程序设定为输入或输出。C 口可分成两个 4 位的口：C 口的高 4 位口 PC7～PC4 和 C 口的低 4 位口 PC3～PC0。

2. 数据总线缓冲器

数据总线缓冲器是一个三态 8 位双向缓冲器，通过 D7～D0 同系统数据总线相连。

3. 组控制电路

在 8255A 内部，3 个端口分成 A 组和 B 组两组来管理。A 口及 C 口高 4 位为 A 组，B 口及 C 口低 4 位为 B 组。

4. 读/写控制逻辑

读/写控制逻辑用来管理数据、控制字和状态字的传送，它接收来自 CPU 地址总线和控制总线的有关信号，向 8255A 的 A、B 两组控制部件发送命令实现读/写控制。对应的 8255A 的引脚信号如下。

A1、A0：片内寄存器选择信号，对端口编址。

$\overline{\text{CS}}$：片选信号，低电平有效。

$\overline{\text{RD}}$：读信号，低电平有效。

$\overline{\text{WR}}$：写信号，低电平有效。

RESET：复位信号，高电平有效。该信号用来清除所有的内部寄存器，并将 A 口、B 口和 C 口均置成输入状态。

如表 6.1.1 所示，$\overline{\text{CS}}$、$\overline{\text{RD}}$、$\overline{\text{WR}}$ 以及 A1、A0 的组合实现对三个数据端口和控制端口（控制寄存器）的读/写操作。

表 6.1.1　8255A 端口功能选择

操作类型	$\overline{\text{CS}}$	A1	A0	$\overline{\text{RD}}$	$\overline{\text{WR}}$	功能
读操作	0	0	0	0	1	数据总线←A 口
	0	0	1	0	1	数据总线←B 口
	0	1	0	0	1	数据总线←C 口

续表

操作类型	$\overline{CS}$	A1	A0	$\overline{RD}$	$\overline{WR}$	功能
写操作	0	0	0	1	0	A 口←数据总线
	0	0	1	1	0	B 口←数据总线
	0	1	0	1	0	C 口←数据总线
	0	1	1	1	0	控制寄存器←数据总线
无操作	0	1	1	0	1	无意义
与总线"脱开"	1	×	×	×	×	数据总线三态
	0	×	×	1	1	数据总线三态

6.1.2　8255A 的控制字

8255A 有两种控制字。一个是方式选择控制字，格式如图 6.1.2 所示；另一个是对 C 口进行置位/复位的控制字，格式如图 6.1.3 所示，C 口的任一位可用这个控制字来置位/复位，而其他位保持不变。

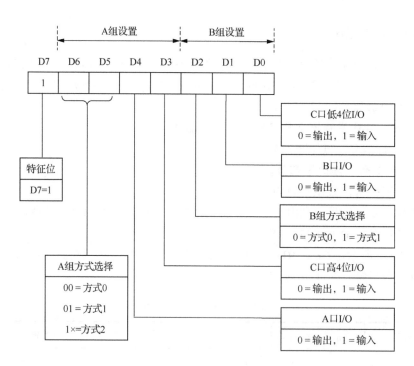

图 6.1.2　8255A 的方式选择控制字

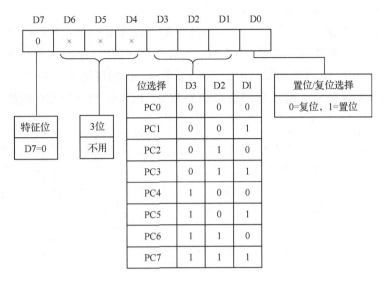

图 6.1.3　8255A 的对 C 口置位/复位控制字

6.1.3　8255A 的工作方式

8255A 支持三种工作方式：方式 0、方式 1、方式 2。

方式 0 为基本的输入输出方式。在方式 0 下，C 口的高 4 位和低 4 位以及 A 口、B 口都可以独立地设置为基本的输入口或输出口。

方式 1 为选通的输入输出方式（或称应答式输入输出）。在方式 1 下将三个端口分成 A、B 两组，A、B 两个口仍作为数据输入输出口，而 C 口分成两部分，分别作为 A 口和 B 口的联络信号。方式 1 输入时，其逻辑功能结构如图 6.1.4 所示，联络信号的作用如下。

（1）$\overline{STB}$：输入的选通信号，低电平有效。

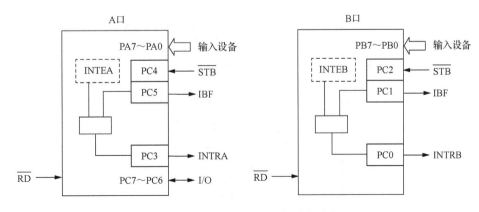

图 6.1.4　方式 1 输入的逻辑功能结构

（2）IBF：输入缓冲器满信号，高电平有效。

（3）INTR：中断请求信号，高电平有效。

（4）INTE：中断允许信号。A 口用 PC4 位的置位/复位控制，B 口用 PC2 位的置位/复位控制。只有当 PC4 或 PC2 置 "1" 时，才允许对应的端口送出中断请求。

方式 1 输出时，其逻辑功能结构如图 6.1.5 所示。由图可见 A 口用 C 口的 PC3、PC6 和 PC7 引脚作联络信号，而 B 口则用 C 口的 PC0、PC1 和 PC2 引脚作联络信号。

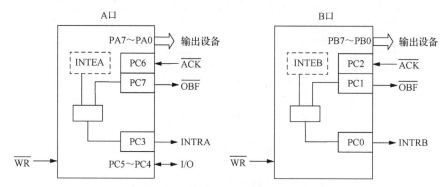

图 6.1.5　方式 1 输出的逻辑功能结构

方式 1 输出时联络信号的作用如下。

（1）$\overline{OBF}$：输出缓冲器满信号，低电平有效。

（2）$\overline{ACK}$：响应信号，低电平有效。

（3）INTR：中断请求信号，高电平有效。

（4）INTE：中断允许信号。A 口的 INTE 由 PC6 置位/复位，B 口的 INTE 由 PC2 置位/复位。

方式 2 为双向选通输入输出方式，其逻辑功能结构如图 6.1.6 所示。方式 2 只限于 A 口使用。当 A 口在方式 2 下工作时，B 口可以在方式 0 或方式 1 下工作。图 6.1.6 中的 5 个联络信号与在方式 1 中的含义相同。

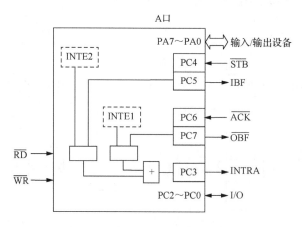

图 6.1.6　方式 2 的逻辑功能结构

6.1.4　8255A 应用示例

例 6.1.1　利用 8255A 在方式 0 下工作，使其在 PC0、PC3 引脚产生如图 6.1.7 所示波形，试编写相应程序段（设 8255A 各端口地址分别设为 60H、61H、62H 和 63H，波形延时可调用延时 1ms 子程序 D1ms 实现）。

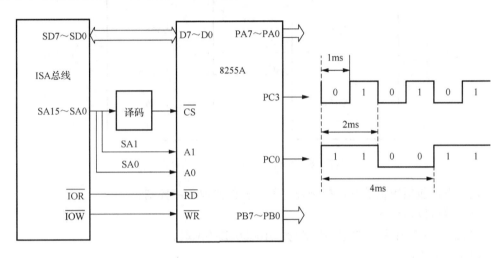

图 6.1.7　8255A 产生波形接口电路

根据要求可确定 C 口工作在方式 0 输出，其余端口无具体要求，也均定为方式 0 输出，按照图 6.1.2 归纳其方式控制字为 10000000B=80H。

程序段如下：

```
START: MOV    AL,80H        ;方式控制字
       OUT    63H,AL        ;方式控制字送控制端口
X1:    MOV    AL,01H
       OUT    62H,AL
       CALL   D1ms
       MOV    AL,09H
       OUT    62H,AL
       CALL   D1ms
       MOV    AL,00H
       OUT    62H,AL
       CALL   D1ms
       MOV    AL,08H
       OUT    62H,AL
       CALL   D1ms
       JMP    X1
```

例 6.1.2　利用 8255A 方式 1 查询方式设计甲、乙两台微型计算机之间并行通信接

口。给出硬件连接图，编写初始化程序和实现甲机发送、乙机接收并行传送 1K 字节数据的程序（甲、乙两台微型计算机的 8255A 各端口地址均设为 60H、62H、64H 和 66H）。

双机并行通信接口电路框图如图 6.1.8 所示，甲机 8255A 采用方式 1，乙机 8255A 采用方式 0。

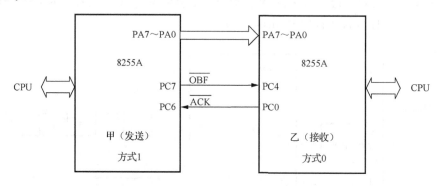

图 6.1.8 双机并行通信接口电路框图

软件设计包括甲机的发送控制程序和乙机的接收程序控制。

（1）甲机发送程序。

按照图 6.1.2 归纳其方式控制字为 10100000B=0A0H。

程序段如下：

```
DATA    SEGMENT
SS1:    DB      1024  DUP（?）     ；发送数据缓冲区
DATA    ENDS
CODE    SEGMENT
        ASSUME  CS:CODE,DS:DATA
START:  MOV     AX,DATA
        MOV     DS,AX
        MOV     AL,0A0H      ；方式控制
        OUT     66H,AL       ；方式控制字写入控制端口
        MOV     AL,0DH       ；置发送中断允许 INTEA=1（参照图 6.1.3）
        OUT     66H,AL       ；设置 PC6=1 的控制字写入控制端口
        LEA     BX,SS1       ；取发送数据存储器首地址
        MOV     CX,400H      ；发送字节数，1K
        MOV     AL,[BX]      ；向 A 口写第一个数，产生第一个 OBF 信号
        OUT     60H,AL       ；送给对方，以便获取对方的 ACK 信号
        INC     BX           ；发送数据存储器地址加 1
        DEC     CX           ；字节数减 1
XX1:    IN      AL,64H       ；取状态 PC3
        AND     AL,08H       ；查发送中断请求 INTRA=1
        JZ      XX1          ；若无中断请求，则等待
        MOV     AL,[BX]      ；从存储器取下一个要发送的数据
```

```
          OUT      60H,AL          ; 通过 A 口向乙机发送下一个数据
          INC      BX              ; 发送数据存储器地址加 1
          LOOP     XX1             ; 字节数减 1
          MOV      AH,4CH          ; 已结束，退出
          INT      21H             ; 返回操作系统
CODE      ENDS
          END START
```

在上述发送程序中，通过检查 C 口状态字的中断请求 INTR 位（PC3）判断输出寄存器是否为空（就绪）。

（2）乙机接收程序。

按照图 6.1.2 归纳其方式控制字为 10011000B=98H。

程序段如下：

```
DATA      SEGMENT
DD1:      DB       1024  DUP（0）     ; 接收数据缓冲区
DATA      ENDS
CODE      SEGMENT
          ASSUME   CS:CODE,DS:DATA
START: MOV         AX,DATA
          MOV      DS,AX
          MOV      AL,098H          ; 方式控制
          OUT      66H,AL           ; 方式控制字写入控制端口
          MOV      AL,01H           ; 置 PC0=1 的控制字（参照图 6.1.3）
          OUT      66H,AL           ; 置 ACK̄=1（PC0=1）
          LEA      BX,DD1           ; 取接收数据存储器首地址
          MOV      CX,400H          ; 接收字节数，计数值 1K
YY1:      IN       AL,64H           ; 读 C 口，检查甲机的 OBF̄=0?（PC4=0?）
          AND      AL,10H           ; 即检查甲机是否有数据发来
          JNZ      YY1              ; 若无数据发来，则等待
          IN       AL,60H           ; 从 A 口读入数据
          MOV      [BX],AL          ; 存入存储器
          MOV      AL,00H           ; 置 PC0=0 的控制字（参照图 6.1.3）
          OUT      66H,AL           ; PC0 置 0 产生 ACK̄ 信号，并发回给甲机
          NOP                       ; 同步延时
          NOP
          MOV      AL,01H           ; PC0 置 1
          OUT      66H,AL
          INC      BX               ; 存储器地址加 1
          LOOP     YY1              ; 字节未完，则继续
          MOV      AH,4CH
          INT      21H              ; 返回操作系统
```

```
CODE    ENDS
        END     START
```

例 6.1.3 利用 8255A 方式 2 中断方式设计双向并行通信接口。要求：主从两台微型计算机进行并行传送，主机发送和接收的数据合在一起共 256 字节；主机 8255A 工作在方式 2，采用中断方式传送数据；从机 8255A 工作在方式 0，采用查询方式传送数据。请给出硬件连接图及主机的控制程序（主从微型计算机的 8255A 各端口地址均设为 60H、62H、64H 和 66H。8259A 的端口地址为 20H 和 22H，采用边沿触发方式、非缓冲方式，中断结束采用 EOI 命令方式，中断优先权管理方式采用全嵌套方式，中断类型码为 0AH）。

接口电路框图如图 6.1.9 所示。主机采用 8259A 作为中断控制器实现中断的连接。

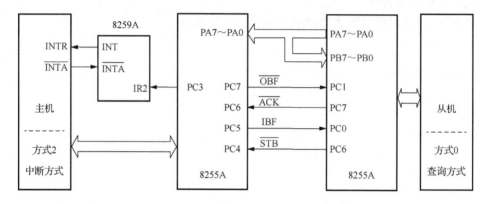

图 6.1.9　中断方式的双向并行通信接口电路框图

根据方式 2 的特点，当主机 CPU 接到中断请求时，要通过读取 8255A C 口的状态判断是发送还是接收过程发出的。方式 2 时，读出的 C 口状态字如图 6.1.10 所示。

	D7	D6	D5	D4	D3	D2	D1	D0	B口方式
C口	$\overline{OBF}$	INTE	IBF	INTE入	INTRA	0/1	0/1	0/1	0
						INTEB	IBF	INTRB	1（输入）
						INTEB	$\overline{OBF}$	INTRB	1（输出）

图 6.1.10　8255A 方式 2 时读出的 C 口状态字

主机的程序设计如下：

根据题目要求，归纳 8255A 的方式控制字为 0C0H，8259A 的控制字 ICW1、ICW2、ICW4、OCW1 分别为 13H（参照图 5.3.3）、08H（参照图 5.3.4）、01H（参照图 5.3.8）、0FBH（参照图 5.3.9）。

```
; 主程序：
DATA    SEGMENT
AAA1:   DB      256 DUP（?）     ；发数据区
AAA2:   DB      256 DUP（0）     ；收数据区
DATA    ENDS
```

```
CODE    SEGMENT
        ASSUME  CS:CODE,DS:DATA
BBB1:   MOV     AX,DATA
        MOV     DS,AX
; 8259A 初始化
        MOV     AL,13H              ; 写入 ICW1
        OUT     20H,AL
        MOV     AL,08H              ; 写入 ICW2
        OUT     22H,AL
        MOV     AL,01H              ; 写入 ICW4
        OUT     22H,AL
        MOV     AL,0FBH             ; 写入 OCW1
        OUT     22H,AL
; 设置中断向量表相关内容
        MOV     AX,0
        MOV     ES,AX
        MOV     DI,28H              ; 中断向量表中对应 IR2 的偏移地址送 DI
        MOV     AX,OFFSET ZZZ2      ; 转入中断向量，偏移地址
        CLD
        STOSW
        MOV     AX,SEG ZZZ2         ; 转入中断向量，段基址
        STOSW
; 8255A 初始化
        MOV     AL,0COH             ; 送方式控制字
        OUT     66H,AL
        MOV     AL,09H              ; 置位 PC4，输入中断允许
        OUT     66H,AL
        MOV     AL,0DH              ; 置位 PC6，输出中断允许
        OUT     66H,AL
; 主控程序
        LEA     SI,AAA1             ; 发送数据块首地址
        LEA     DI,AAA2             ; 接收数据块首地址
        MOV     CX,256              ; 发送与接收合在一起的字节数
        MOV     AL,[SI]             ; 取第 1 个发送的数据
        OUT     60H,AL              ; 发一字符
        INC     SI                  ; 下一个发送数据地址
        DEC     CX                  ; 字节数减 1
BBB2:   STI                         ; 开中断
        HLT                         ; 等待中断
        CLI                         ; 关中断
        DEC     CX                  ; 计数
```

```
        JNZ     BBB2                ; 未完成，继续
        MOV     AH,4CH              ; 已结束，退出
        INT     21H                 ; 返回操作系统
; 中断服务程序
ZZZ2    PROC    FAR
        MOV     AL,08H              ; 复位 PC4，禁止输入中断
        OUT     66H,AL
        MOV     AL,0CH              ; 复位 PC6，禁止输出中断
        OUT     66H,AL
        IN      AL,64H              ; 查中断源，读状态字
        MOV     AH,AL               ; 保存状态字
        AND     AL,20H              ; 检查状态位 IBF=1，是输入吗？
        JZ      ZZZ3                ; 不是，则跳输出程序 ZZZ3
        IN      AL,60H              ; 是，则从 A 口读数
        MOV     [DI],AL             ; 存入存储器
        INC     DI                  ; 存储器地址+1
        JMP     ZZZ4
ZZZ3:   MOV     AL,[SI]             ; 从存储器取发送数据
        OUT     60H,AL              ; 输出
        INC     SI                  ; 存储器地址+1
ZZZ4:   MOV     AL,09H              ; 置位 PC4，输入中断允许
        OUT     66H,AL
        MOV     AL,0DH              ; 置位 PC6，输出中断允许
        OUT     66H,AL
        MOV     AL,20H              ; 送 OCW2 中断结束
        OUT     20H,AL
        IRET                        ; 中断返回
ZZZ2    ENDP
CODE    ENDS
        END     BBB1
```

6.2　可编程计数器/定时器 Intel 8253

计数器/定时器在微型计算机系统中有着广泛的应用，Intel 8253（以下称 8253）可以通过编程设定工作方式、定时时间或计数次数。

6.2.1　8253 的基本功能

8253 的基本功能如下：

（1）含有 3 个独立的 16 位计数器，能够进行 3 个 16 位的独立计数。

（2）每一个计数器都具有六种工作方式。

（3）能进行二进制/十进制计数（减法计数）。所谓十进制计数，是指 BCD 码计数，每个计数器可表示 4 位十进制数的 BCD 码，每来一个计数脉冲，按照十进制数减 1 规律进行计数。例如，当前的计数值为 1000 0100 0000 0000（8400H），来一个计数脉冲后，变为 1000 0011 1001 1001（8399H）。

（4）计数频率为 0～2MHz。

（5）可作计数器或定时器。

6.2.2　8253 的引脚信号与内部结构

8253 内部结构如图 6.2.1 所示，由数据总线缓冲器、读/写控制逻辑、3 个独立的计数器组成。

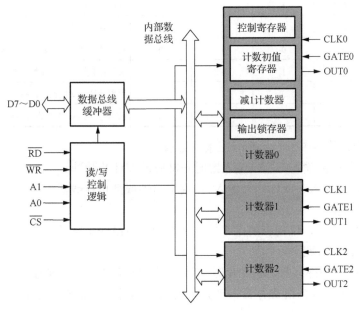

图 6.2.1　8253 的内部结构

数据总线缓冲器是一个三态 8 位的双向缓冲器，通过 D7～D0 与系统数据总线相连。

读/写控制逻辑用来管理数据信息和控制字的传送，它接收来自 CPU 地址总线和控制总线的有关信号（$\overline{RD}$、$\overline{WR}$ 等），向 3 个独立的计数器的控制部件发送命令。对应的引脚信号如下。

A1、A0：片内寄存器选择信号。一般接到系统地址总线的 A1 和 A0 上，它们的功能是编码选择 3 个计数器和 1 个控制寄存器。其端口编码为

```
A1  A0    端口
 0   0    计数器 0
 0   1    计数器 1
```

1　0　　　计数器 2

1　1　　　控制寄存器

$\overline{CS}$：片选信号，低电平有效。CPU 用此信号来选择 8253。

$\overline{RD}$：读信号，低电平有效。

$\overline{WR}$：写信号，低电平有效。

如表 6.2.1 所示，控制信号 $\overline{CS}$、$\overline{RD}$、$\overline{WR}$ 以及 A1、A0 的组合可以实现对三个计数器和控制寄存器的读/写操作。

表 6.2.1　8253 端口的读/写控制

$\overline{CS}$	A1	A0	$\overline{RD}$	$\overline{WR}$	功能
0	0	0	0	1	数据总线←读计数器 0 当前值
0	0	1	0	1	数据总线←读计数器 1 当前值
0	1	0	0	1	数据总线←读计数器 2 当前值
0	0	0	1	0	设置计数器 0 的初始值←数据总线
0	0	1	1	0	设置计数器 1 的初始值←数据总线
0	1	0	1	0	设置计数器 2 的初始值←数据总线
0	1	1	1	0	（设置控制字）控制寄存器←数据总线

8253 三个计数器中每一个都有三条信号线。

CLK：计数脉冲输入，用于输入定时基准脉冲或计数脉冲。

GATE：选通输入（或称门控输入），用于启动或禁止计数器的操作，以使计数器和计数输入信号同步。

OUT：输出信号，以相应的电平指示计数的完成或输出脉冲波形。

每个计数器中有四个寄存器。

（1）6 位的控制寄存器，初始化时，将控制字寄存器中的内容写入该寄存器。

（2）16 位的计数初值寄存器，初始化时写入该计数器的初始值，其最大初始值为 0000H。

（3）16 位的减 1 计数器，计数初值由计数初值寄存器送入减 1 计数器，当计数输入端输入一个计数脉冲时，减 1 计数器内容减 1。

（4）16 位的输出锁存器，用来锁存计数执行部件的内容，从而使 CPU 可以对此进行读操作。

计数初值的计算如下。

计数方式：计数初值=要求的计数次数。

定时方式：计数初值=定时时间÷时钟脉冲周期。

6.2.3　8253 的控制字

8253 只有一个控制字，其格式如图 6.2.2 所示。

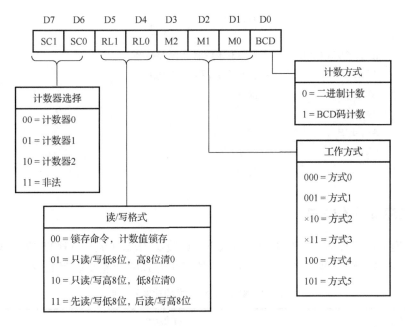

图 6.2.2 8253 控制字的格式

8253 的编程有两条原则必须严格遵守。

（1）对每一个计数器而言，控制字必须在计数值之前写入。

（2）16 位计数初值的写入必须遵守控制字中读/写格式规定的顺序。

对 8253 计数器当前值的读出有两种方式：简单读出方式、锁存读出方式。

简单读出方式就是直接通过读数据寄存器读取计数值。对于 16 位数据，为避免在读取高字节和低字节过程中计数值变化产生的数据一致性问题，应当利用外部电路禁止 CLK 输入，或利用 GATE 信号停止计数器工作，然后用 IN 命令读出。

锁存读出方式是先利用一条锁存命令把计数器数据锁存到锁存器，锁存器的内容不随计数器变化，再读取 16 位数据，避免两次读取的高低字节数据的不一致问题。

例 6.2.1 设采用 8253 计数器 2 产生连续脉冲，计数初值为 1234H，按二进制方式计数。8253 各端口地址依次为 40H、41H、42H、43H（对应计数器 0、计数器 1、计数器 2 和控制寄存器）。编写以锁存读出方式读计数器 2 的当前计数值的程序段。

已知计数初值为 1234H（16 位二进制），按照题目要求，参照图 6.2.2，归纳计数器 2 的控制字为：10110100B。

程序段如下：

```
MOV     AL,10110100B    ；8253 计数器 2 控制字设置
OUT     43H,AL          ；控制字写入控制端口
MOV     AL,34H          ；低字节计数值
OUT     42H,AL
MOV     AL,12H          ；高字节计数值
OUT     42H,AL
```

```
……                              ; 其他程序
……
MOV    AL,10000000B            ; 8253 计数器 2 锁存命令
OUT    43H,AL                  ; 锁存命令写入控制端口
IN     AL,42H                  ; 读低字节
MOV    CL,AL
IN     AL,42H                  ; 读高字节
MOV    CH,AL                   ; 结果在 CX 中
……                              ; 其他程序
```

6.2.4　8253 的工作方式

8253 有 6 种工作方式，在不同的方式下，计数器的启动方式、GATE 端输入信号的作用以及 OUT 端的输出波形都有所不同。各种工作方式的功能及说明如表 6.2.2 所示。

表 6.2.2　8253 工作方式的功能及说明

方式	名称	功能及说明
0	计数结束中断方式	①控制字写入 OUT=0。②计数值写入 OUT 不变。③写入计数值启动。④计数期间 OUT 为低电平（OUT=0）。⑤计数为 0 时 OUT 升高（OUT=1）。⑥计数期间写入新的计数值开始新的计数。⑦GATE=0 时，计数器停止；GATE=1 时，允许计数，此时计数器从刚才断的地方开始连续计数。⑧计数值一次有效
1	可编程单稳方式	①控制字写入 OUT=1。②计数值写入 OUT=1（不变）。③GATE 上跳沿启动。启动后 OUT=0。④计数期间 OUT 为低电平（OUT=0）。⑤计数为 0 时 OUT 变为高电平（OUT=1）。⑥计数期间写入新的计数值不影响原计数，只有当下一个 GATE 上跳沿到来时，才使用新的计数值。⑦GATE 上跳沿则重新启动计数器，按最新计数初值开始计数。⑧计数值多次有效
2	脉冲频率发生器方式	①控制字写入 OUT=1。②计数值写入 OUT=1。③GATE 上跳沿启动或写入计数值启动（此时 GATE=1）。④计数期间 OUT 为高电平（OUT=1），减 1 计数器由 1 到 0 的计数中，OUT 输出一个负脉冲，宽度为一个时钟周期。⑤计数为 0 时 OUT 为高电平（OUT=1），开始下一个周期的计数。⑥计数期间写入新的计数值影响随后的脉冲周期。⑦GATE=0 时 OUT=1，停止计数；GATE 上跳沿时，启动计数器，重新开始；GATE=1 时，不影响计数器工作。⑧计数值重复有效
3	方波发生器方式	①控制字写入 OUT 为高电平（OUT=1）。②计数值写入 OUT 为高电平（OUT=1）。③一种是 GATE 的上跳沿启动；另一种是软件写入计数值启动（此时 GATE=1）。④计数期间若计数值 n 为偶数，则在前 $n/2$ 计数期间，OUT 输出高电平（OUT=1），后 $n/2$ 计数期间，OUT 输出低电平（OUT=0）；若计数值 n 为奇数，则在前 $(n+1)/2$ 计数期间，OUT 输出高电平（OUT=1），后 $(n-1)/2$ 计数期间，OUT 输出低电平（OUT=0）。⑤计数为 0 时 OUT 输出高电平（OUT=1），从而完成一个周期。然后，计数初值寄存器的值自动装入减 1 计数器，开始下一个周期。⑥计数期间写入新的计数值不影响当前输出周期，等到计数值减到 0 后，或 GATE 有上跳沿后，将把计数初值寄存器的新内容重新装入减 1 计数器中，开始以新的周期输出方波。⑦GATE=0 时，计数停止，OUT=1；GATE=1 时，不影响计数器工作，计数进行；GATE 有上跳沿时，下一个 CLK 时钟使计数初值寄存器内容装入减 1 计数器，开始新的计数。⑧计数值重复有效
4	软件触发选通方式	①控制字写入 OUT 输出高电平（OUT=1）。②计数值写入 OUT 输出高电平（OUT=1）。③写入计数值启动。④计数期间 OUT 输出高电平（OUT=1）。⑤计数为 0 时计数器减到 0 后，输出一个负脉冲，宽度为一个时钟周期。然后又自动变为高电平，并一直维持高电平。⑥计数期间写入新的计数值立即有效。⑦GATE=0 时禁止计数；GATE=1 时允许计数。GATE 信号不影响 OUT 的状态。⑧计数值一次有效

方式	名称	功能及说明
5	硬件触发选通方式	①控制字写入 OUT 输出高电平（OUT=1）。②计数值写入 OUT 输出高电平（OUT=1）。③GATE 上跳沿启动。④计数期间 OUT 输出高电平（OUT=1）。⑤计数器减 1 到 0 时，OUT 输出端输出一个 CLK 周期的负脉冲波，然后 OUT 恢复输出高电平。⑥计数期间写入新的计数值不影响本次计数，但影响 GATE 上跳沿启动后的计数过程。一旦 GATE 重新启动，将按新的计数初值开始计数。⑦无论 GATE=0 还是 GATE=1 均不影响计数过程，而当 GATE 有上跳沿时将重新启动计数过程，按最新计数值开始计数。⑧计数值多次有效

6.2.5　8253 的应用示例

例 6.2.2　设某 8253 通道 1 工作于方式 0，按 BCD 方式计数，计数初值为 400。计数器 0、计数器 1、计数器 2 和控制寄存器的端口地址依次为 80H～83H，试编写 8253 的初始化程序。

（1）控制字：控制字为 01110001B，写入控制寄存器，端口地址为 83H。

（2）计数值：计数初值为 400，由于采用 BCD 计数，故应按 BCD 码方式表示，即 0400H，送入计数器 1 的数据端口，地址是 81H。16 位数送两次，先送低 8 位 00H，后送高 8 位 04H。

（3）初始化程序：

```
MOV    AL,71H      ; 控制字
OUT    83H,AL
MOV    AL,00H      ; 低 8 位计数值
OUT    81H,AL
MOV    AL,04H      ; 高 8 位计数值
OUT    81H,AL
```

例 6.2.3　在一个微型计算机系统中，使用一片 8253 完成以下功能。

（1）提供系统电子时钟的时间基准：每 54.925ms 产生一次时钟中断。

（2）DRAM 的刷新定时：每 15.6μs 产生一次刷新触发信号。

（3）提供驱动机内扬声器的音频信号：产生 1kHz 的方波。

系统有一个 1.193MHz 的脉冲信号（周期为 838ns）可用。给 8253 分配的端口地址设置为 40H～43H（分别对应计数器 0～2 和控制端口）。

用 8253 的 3 个计数器完成这三个功能，工作方式和参数分述以及程序如下。

（1）用计数器 0 提供系统电子时钟的时间基准。

计数器 0 用作系统日历时钟的基本计时电路，它的输出端 OUT0 连接到 8259A 的 IR0，作为系统的中断源。

计数器 0 的工作方式初始化为方式 3，即方波发生器方式，产生周期的方波信号。计数器 0 的计数值初始化为 0000H，二进制计数方式，计数值为 65536，因此，OUT0 输出的方波信号的频率为 1.193MHz÷65536=18.206Hz。计数器 0 每秒产生 18.206 次中

断请求（即中断周期为 54.925ms）到 8259A 的 IR0，这个中断请求用于维护系统的日历时钟。

由以上分析归纳计数器 0 的控制字为 00110110B=36H，计数初值为 0000H。

计数器 0 的初始化程序：

```
MOV     AL,36H      ; 控制字
OUT     43H,AL
MOV     AL,00H      ; 最大计数值
OUT     40H,AL      ; 低 8 位计数值
OUT     40H,AL      ; 高 8 位计数值
```

（2）计数器 1 用于 DRAM 的刷新定时。

根据 DRAM 刷新需要连续的周期不大于 15.6μs 的信号这一要求，计数器 1 的工作方式初始化为方式 2，即脉冲频率发生器方式，产生连续的脉冲信号。计数器 1 的计数值初始化为 18，因此，OUT1 输出的脉冲信号的周期为 18×0.838μs=15.084μs，符合不大于 15.6μs 的要求。

由以上分析归纳计数器 1 的控制字为 01010100B=54H，计数初值为 18。

计数器 1 的初始化程序：

```
MOV     AL,54H      ; 控制字
OUT     43H,AL
MOV     AL,18       ; 计数值
OUT     41H,AL
```

（3）用计数器 2 提供驱动机内扬声器的音频信号。

计数器 2 的工作方式初始化为方式 3，控制扬声器发出频率为 1kHz 的声音，为此，计数值初始化为 1331。把计数器 2 的 GATE2 连接到 8255A 的 PB0 位用于控制计数器 2 的工作状态（是否输出波形），PB0=0 停止计数器 2 工作（系统中 8255A 的端口地址为 60H～63H，初始化已经完成）。另外，OUT2 还和 8255A 的 PB1 共同连接到一个与门电路，与门的输出通过驱动电路连接到扬声器，PB1=0，禁止 OUT2 波形信号传送到扬声器，就是使用 8255A 的 PB1 控制 8253 的 OUT2 输出的波形能否通过与门去控制扬声器。

由以上分析归纳 8253 计数器 2 的控制字为 10110110B=0B6H，计数初值为 1331。

计数器 2 的初始化程序：

```
MOV     AL,0B6H     ; 控制字
OUT     43H,AL
MOV     AX,1331     ; 计数值
OUT     42H,AL
MOV     AL,AH
OUT     42H,AL
```

```
IN      AL,61H          ; 读 8255A 的 B 口（8255A 的初始化此前已经完成）
MOV     AH,AL           ; 保存
OR      AL,03H          ; 使 PB0=1, PB1=1
OUT     61H,AL          ; 允许扬声器发声
……
……
MOV     AL,AH           ; 恢复 8255A 的 B 口状态
OUT     61H,AL
```

例 6.2.4　基于某 CPU（如 8088）和 8253 设计一个完成以下功能的系统：精确控制一个发光二极管闪亮，要求启动 8253 后使发光二极管点亮 2s、熄灭 2s，亮灭 50 次后停止闪动，工作结束。有一个频率为 2MHz 时钟脉冲源可用，其他器件任选。试分析该系统接口电路和编写完成上述功能的程序。

（1）系统接口电路分析与设计。

系统主要是控制发光二极管的亮灭，亮 2s、灭 2s，恰好是一个方波周期，周期为 4s，因此可用 8253 的方式 3。

系统提供一个时钟脉冲源，频率为 2MHz，周期为 0.5μs，若以此信号为 CLK 输入，产生 4s 周期的方波，计数值应为 $4s \div 0.5μs = 8 \times 10^6$，而这个值远远大于一个计数器通道能提供的最大计数值 65536。所以，不可能只用一个通道来完成任务。由此，考虑由两个通道级联来产生最后的方波，其中前一个通道的 CLK 接 2MHz，工作于脉冲频率发生器方式，产生一个脉冲波，假设脉冲波周期为 4ms（250Hz），于是它的计数值为 $4ms \div 0.5μs = 8000$，它的 OUT 输出接后一个计数器通道的 CLK 输入，后一个计数器通道工作于方波发生器方式，产生周期为 4s 的方波，于是它的计数值是 $4s \div 4ms = 1000$。当周期为 4s 的方波产生 2s 高电平、2s 低电平的时候，所控制的发光二极管就会亮 2s、灭 2s（后一个计数器通道的 OUT 控制发光二极管），符合系统要求。产生这个信号用计数器 0 和计数器 1 完成。

计数器 0 工作于脉冲频率发生器方式，输入 CLK0 接 2MHz 脉冲信号源，输出 OUT0 产生 250Hz（周期为 4ms）的脉冲序列。

计数器 1 工作于方波发生器方式，输入 CLK1 接 OUT0 的 250Hz 脉冲信号，输出 OUT1 产生周期为 4s 的方波，经过一个反相驱动器去控制一个发光二极管。

用计数器 2 工作在方式 0 完成计数 50 次亮灭。计数器 2 的 OUT2 端经过一个反相器后，连接到计数器 1 的门控信号 GATE1 端，实现硬件控制。计数器 2 在计数过程中，OUT2=0 使 GATE1=1，允许方波发生器计数器通道工作。当计数器 1 计数为 0 时，OUT2=1 使 GATE1=0，从而禁止方波发生器计数器通道工作。

GATE0、GATE2 接高电平，相应的计数器处于允许计数状态。

参考接口电路如图 6.2.3 所示。

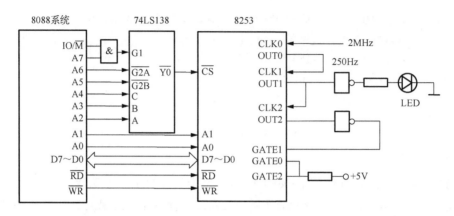

图 6.2.3　8253 应用系统设计接口电路

（2）程序设计。

根据以上分析，归纳各个计数器的控制字和计数初值。

计数器 0 控制字：00110100B。

计数器 0 计数值：4ms÷0.5μs=8000。

计数器 1 控制字：01110110B。

计数器 1 计数值：4s÷4ms=1000。

计数器 2 控制字：10010000B。

计数器 2 计数值：50，也就是二极管亮灭次数要求的值。

按照图 6.2.3，归纳 8253 的 4 个端口地址，计数器 0、1、2 和控制寄存器端口地址依次为 80H、81H、82H、83H。

工作程序设计如下：

```
MOV    AL,90H      ；#2控制字
OUT    83H,AL
MOV    AL,50       ；#2计数值
OUT    82H,AL
MOV    AL,34H      ；#0控制字
OUT    83H,AL
MOV    AX,8000     ；#0计数值
OUT    80H,AL
MOV    AL,AH
OUT    80H,AL
MOV    AL,76H      ；#1控制字
OUT    83H,AL
MOV    AX,1000     ；#1计数值
OUT    81H,AL
MOV    AL,AH
OUT    81H,AL
......
```

例 6.2.5　使用 8253 监视一个生产流水线。要求：每通过 100 个工件，扬声器响 5s，频率为 2000Hz。

（1）硬件电路。

硬件电路如图 6.2.4 所示，图中工件从光源与光敏电阻之间通过时，在晶体管的发射极上会产生一个脉冲，此脉冲作为 8253 计数器 0 的 CLK0 计数输入脉冲，当计数器 0 计数满 100 后，由 OUT0（接到 8259A 的 IR2）输出的正脉冲作为产生中断请求信号，在中断服务程序中，启动 8253 计数器 1 工作，由 OUT1 连续输出 2000Hz 的方波，持续 5s 后停止输出。计数器 1 的门控信号 GATE1 由 8255A 的 PA0 控制，OUT1 输出的方波信号经驱动、滤波后送扬声器。

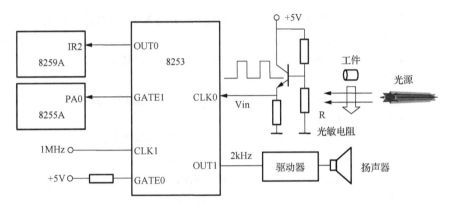

图 6.2.4　用 8253 监视一个生产流水线电路示意图

设定 8255A 各端口地址为 60H、62H、64H 和 66H。8259A 的端口地址设为 20H 和 22H，采用边沿触发方式。设 8253 各端口地址为 40H、42H、44H 和 46H。

（2）软件设计。

计数器 0 工作于方式 0，采用二进制计数，计数初值为 100-1=99=63H，采用只读/写计数器的低 8 位。控制字为 10H。

计数器 1 工作于方式 3，CLK1 接 1MHz 时钟，要求产生 2000Hz 的方波（方式 3），则计数初值应为 $1.0 \times 10^6 / 2000 = 500$，采用 BCD 码计数。控制字为 77H。

设定 8255A 采用方式 0 输出方式。方式控制字为 80H。

8259A 采用边沿触发方式、非缓冲方式、自动中断结束方式，中断优先权管理方式采用全嵌套。设中断 200 次停机。控制字：ICW1 为 13H、ICW2 为 08H、ICW4 为 03H。

主程序如下：

```
CODE    SEGMENT
        ASSUME  CS:CODE
START:  MOV     AL,13H          ; 8259A 初始化, 写入 ICW1
        OUT     20H,AL
        MOV     AL,08H          ; 写入 ICW2
        OUT     22H,AL
```

```
        MOV     AL,03H          ; 写入 ICW4，自动中断结束
        OUT     22H,AL
        MOV     AX,0
        MOV     ES,AX
        MOV     DI,28H          ; 中断向量表中对应 IR2 的偏移地址送 DI
        CLD                     ; DF=0，数据串操作地址自动增加
        MOV     AX,OFFSET INT   ; 设置中断向量偏移地址
        STOSW                   ; (AX) 送 ES:[DI]，DI 内容加 2
        MOV     AX,SEG INT      ; 设置中断向量段地址
        STOSW                   ;
        MOV     AL,80H          ; 设置 8255A 控制字，A 口方式 0 输出
        OUT     66H,AL
        MOV     AL,00H          ; 设置 PA0=0，PA0 连接 GATE1
        OUT     60H,AL
        MOV     AL,10H          ; 8253 计数器 0 控制字，方式 0
        OUT     46H,AL
        MOV     AL,63H          ; 计数器 0 的计数初值为 99
        OUT     40H,AL          ; 启动计数器 0
        MOV     CX,200          ; 设中断次数
        STI                     ; IF=1，开中断
X1：    HLT                     ; 等待中断
        DEC     CX              ; 计数
        JNZ     X1              ; 未完成，继续
        MOV     AH,4CH          ; 已结束，退出，返回操作系统
        INT     21H
; 中断服务程序：
    INT PROC    FAR
        MOV     AL,10H          ; 计数器 0 控制字，方式 0
        OUT     46H,AL
        MOV     AL,63H          ; 计数器 0 的计数初值为 99
        OUT     40H,AL          ; 方式 0 通过写入计数值来启动
        MOV     AL,01H          ; 置 PA0=1，使 GATE1=1，允许计数器 1 工作
        OUT     60H,AL
        MOV     AL,77H          ; 计数器 1 控制字，方式 3，BCD 计数
        OUT     46H,AL
        MOV     AL,00H          ; 写计数初值低位
        OUT     42H,AL
        MOV     AL,05H          ; 写计数初值高位，计数值为 500
        OUT     42H,AL
        CALL    D5S             ; 调用 5s 延时子程序，此时间段扬声器鸣响
```

```
        MOV     AL,0              ；置 PA0=0，使 GATE1=0，计数器 1 停止工作
        OUT     60H,AL
        IRET                      ；中断返回
INT     ENDP
CODE    ENDS
        END     START
```

习　题

6.1　简要说明 8255A 工作在方式 0 和方式 1 的区别。

6.2　分别说明 8255A 在方式 1 输入、输出时的工作过程。

6.3　说明 8255A 的三个端口在使用时有什么差别。

6.4　说明 8253 的方式 2 与方式 3 的工作特点。

6.5　说明 8253 的方式 1 与方式 5 的工作特点。

6.6　说明 8253 的最大初始计数值为什么是 0000H。

6.7　简述 8253 的主要特点。

6.8　8253 有几个通道？各采用几种工作方式？简述这些工作方式的特点。

6.9　8253 有几种读操作方式？简述之。

6.10　某系统中有一片 8253，其计数器 0 至控制端口地址依次为 40H～43H，请按如下要求编程。

（1）通道 0：方式 3，CLK0=2MHz，要求在 0UT0 输出 1kHz 方波。

（2）通道 1：方式 2，CLK1=1MHz，要求 OUT1 输出 1kHz 脉冲波。

（3）通道 2：方式 4，CLK2=OUT1，计数值为 1000，计数到 0 时输出一个控制脉冲。

6.11　某系统采用一片 8253 产生周期为 2ms、个数为 10 的脉冲序列，已知有一个时钟源，频率为 2MHz。要求：

（1）画出硬件接口电路图，并确定 8253 的端口地址。

（2）编写相应程序。

6.12　并行接口芯片 8255A 的 A 口、B 口、C 口、控制端口的地址依次为 60H～63H。编一段程序使从 PC5 输出一个负脉冲。另外，若脉冲宽度不够，应如何解决？

6.13　8255A 的工作方式控制字和 C 口的按位置位/复位控制字有何差别？若将 C 口的 PC2 引脚输出高电平（置位），假设 8255A 控制端口地址是 303H，应如何设计程序段？

6.14　用 8255A 芯片作为 8088 CPU 与字符打印机连接的接口，使 8255A A 口作为数据输出端口，工作在方式 0，用查询方式将从存储器地址 DATA 开始的 10 字节数据依次送打印机。要求：

（1）画出电路原理图，包括地址线、数据线，以及必要的控制信号。

（2）指出 8255A 芯片的端口地址。

（3）用 8086 汇编语言编写实现题目要求的程序。

6.15　利用工作在方式 1 的 8255A 的 A 口作输入接口，从输入设备上输入 4000 字节数据送存储器的 BUFFER 缓冲区，编写相应的程序段，设 8255A 的端口地址为 60H～63H。

6.16　若 8253 的 CLK 计数频率为 2MHz。

（1）试问：一个计数器通道的最大定时时间是多少？

（2）若利用计数器 0 周期性地产生 5ms 的定时中断，试对其进行初始化编程（设计数器 0 至控制端口的端口地址分别为 84H、85H、86H、87H）。

（3）要定时产生 1s 的中断，试写出实现方法（硬件连接、工作方式、计数值），不必编程。

6.17　用 8253 计数器 1 作为 DRAM 刷新定时器，动态存储器要求在 2ms 内对全部 128 行存储单元刷新一遍，假定计数用的时钟频率为 2MHz，问该计数器通道应工作在什么方式？写出控制字和计数值（用十六进制数表示）。

第7章 串行通信概述和可编程串行接口芯片 Intel 8251A

基本的通信方式有两种：并行通信和串行通信。并行通信是数据所有位同时传送的方式；串行通信是数据逐位按时间顺序传送的方式。

7.1 串行通信概述

1. 串行通信的数据传输方向

最基本的串行通信在两个站（或设备）A 与 B 之间传送数据。按通信线路上数据传递的方向和时间的关系，可将通信分成单向、双向不同时和双向同时三类，常将它们分别称为单工通信、半双工通信和全双工通信。

单工通信方式下，只允许数据按一个固定的方向传送，如图 7.1.1（a）所示。图中，A 只能发送，称为发送器；B 只能接收，称为接收器。

半双工通信方式下，数据既可以从 A 传向 B，也可以从 B 传向 A，如图 7.1.1（b）所示。因此，A 和 B 既可作为发送器，又可作为接收器，通常称为收发器。但是，在同一时刻，只能进行一种传送，不能同时双向传输。在这种工作方式下，要么 A 发送 B 接收，要么 B 发送 A 接收。当不工作时，令 A 和 B 均处于接收方式，以便随时响应对方的传送。

全双工通信方式下，信息可以同时沿两个方向传输，如图 7.1.1（c）所示。显然，需要有两个信道。

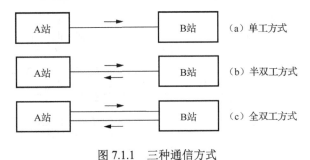

图 7.1.1 三种通信方式

2. 串行通信的数据传输速率

串行数字通信系统的传输速率有两种定义方式：信息传输速率、码元传输速率。

信息传输速率又称传信率或比特率，是单位时间（每秒）内通信系统所传送的信息量（一般用二进制位数表示），记作 R_b，其单位为比特/秒（bit/s）。

码元传输速率又称波特率，是单位时间（每秒）内通信系统所传送的码元数目，记作 R_B，其单位为波特（Baud）。每个码元所占有的时间 T_B 叫作码长，则 $R_B=1/T_B$。在给出波特率的同时应说明码元是几进制的（后文无特殊说明时，波特率的码元为二进制码元），如果采用二进制则用 R_{B2} 表示，M 进制用 R_{BM} 表示。R_{BM} 与 R_{B2} 有如下关系：

$$R_b=R_{B2}=R_{BM}\times\log_2 M$$

例 7.1.1　当采用四进制码元时（$M=4$），传输速率 $R_{B4}=1200$ 波特，对应的传信率为

$$R_b = R_{B2}= R_{BM}\times\log_2 M = R_{B4}\times\log_2 4=1200\times 2=2400(\text{bit/s})$$

3. 异步通信与同步通信

在串行通信中有两种基本的通信方式：异步通信和同步通信。异步通信的帧结构如图 7.1.2 所示，同步通信的帧结构如图 7.1.3 所示。

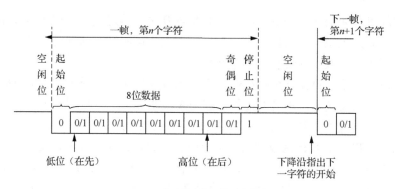

（a）小于最高数据传送率格式

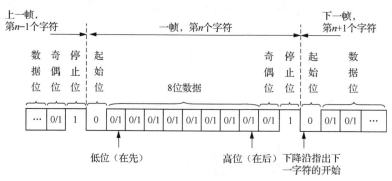

（b）最高数据传送率格式

图 7.1.2　异步串行通信帧结构

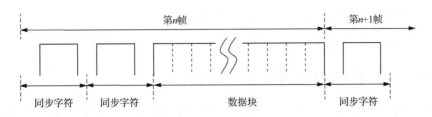

图 7.1.3　同步串行通信结构

帧与帧之间可以有间隙

在异步通信中，信息是以字符为一个独立的整体进行传送的。为了进行同步，用一个起始位表示传送字符的开始，用 1～2 个停止位表示字符的结束。起始位与停止位之间是数据位（5～8），数据位后面为校验位，校验位可以按奇校验设置，也可以按偶校验设置，不过，校验位也可以不设置。数据的最低位紧跟起始位，其他各位顺序传送。这样构成的一个信息发送单位称为帧。相邻两个字符之间的间隔叫空闲位，它可以是大于等于最小值的任意长度的空闲状态。一个字符，必然以进入与空闲状态不同的变化沿作为起始位的标志。

在同步通信中，信息是以字符组作为一个独立的整体进行传送的。为了进行同步，每组字符之前必须加上一个或多个同步字符作为一个信息帧的起始位。同步字符后面是字符组（或称数据块），对每个字符不加附加位。

异步通信是以字符为单位进行通信的，它要求在每个字符前后附加起始位和停止位，常常还需要奇偶校验位，附加信息在传送帧中占比较高，因此传输效率不高。而同步通信附加信息仅占 1%，传输效率大大提高。对于异步通信，允许接收时钟和发送时钟有小的偏差。而对于同步通信，每个字符没有起始位和停止位，若存在偏差，则会积累。因此，接收时钟和发送时钟必须严格保持一致，故硬件电路比较复杂。

7.2　可编程串行通信接口芯片 Intel 8251A

可编程串行通信接口芯片 Intel 8251A（以下称 8251A）通过编程即可实现同步和异步通信。它是一片使用单一+5V 电源、单相时钟脉冲的 28 脚双列直插式大规模集成电路。

8251A 的基本性能如下：

（1）通过编程，可以工作在同步方式，也可以工作在异步方式。在同步方式下，波特率为 0～64K 波特，在异步方式下，波特率为 0～19.2K 波特。

（2）在同步方式下，可以用 5、6、7 或 8 位来代表字符，并且内部能自动检测同步字符，从而实现同步。此外，8251A 还允许在同步方式下增加奇偶校验位进行校验。

（3）在异步方式下，可以用 5、6、7 或 8 位来代表字符，用 1 位作奇偶校验。此外，能根据编程为每个字符设置 1 个、1.5 个或 2 个停止位。

（4）所有的输入输出电路都与 TTL 电平兼容。

（5）全双工双缓冲的接收/发送器。

7.2.1   8251A 内部结构及引脚

8251A 的结构如图 7.2.1 所示，可分五个主要部分：数据总线缓冲器、发送缓冲器、接收缓冲器、读/写控制逻辑电路和调制解调控制电路。

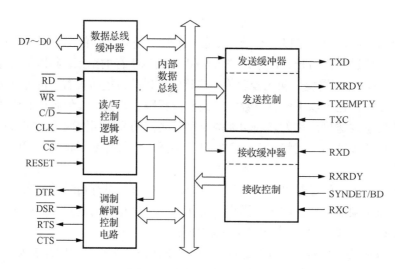

图 7.2.1   8251A 的结构框图

1. 数据总线缓冲器

数据总线缓冲器是三态双向 8 位缓冲器，它是 8251A 与微型计算机系统数据总线的接口，数据、控制命令及状态信息均通过此缓冲器传送。它含有命令寄存器、状态寄存器、方式寄存器、两个同步字符寄存器、数据输入缓冲器和数据输出缓冲器。

（1）命令寄存器用来控制 8251A 的发送、接收、内部复位等的实际操作，它的内容是由程序设置的。

（2）状态寄存器则在 8251A 的工作过程中为执行程序提供一定的状态信息。

（3）方式寄存器的内容决定了 8251A 是工作在同步模式还是工作在异步模式，还决定接收和发送的字符格式，方式寄存器的内容也是由程序设置的。

（4）同步字符寄存器用来寄存同步方式中所用的同步字符。

2. 发送缓冲器

发送缓冲器的功能是接收 CPU 送来的并行数据，按照规定的数据格式变成串行数据流后，由 TXD 输出线送出。

（1）在异步发送方式时，发送器为每个字符加上一个起始位，并按照规定加上奇偶校验位以及 1 个、1.5 个或者 2 个停止位。然后在发送时钟 TXC 的作用下，由 TXD 引脚逐位地串行发送出去。

（2）在同步发送方式中，发送缓冲器在准备发送的数据前面先插入由初始化程序设定的一个或两个同步字符，在数据中插入奇偶校验位。然后在发送时钟 TXC 的作用下，将数据逐位地由 TXD 引脚发送出去。

3. 接收缓冲器

接收缓冲器的功能是接收在 RXD 引脚上输入的串行数据，并按规定的格式把串行数据转换为并行数据，存放在数据总线缓冲器中的数据输入缓冲器中，其工作原理如下。

（1）在异步接收方式下，当"允许接收"和"准备好接收数据"有效时，接收缓冲器监视 RXD 线。在无字符传送时，RXD 线上为高电平，当 RXD 线上出现低电平时，即认为它是起始位，启动接收控制电路中的一个内部计数器，计数脉冲就是 8251A 的接收时钟脉冲 RXC，当计数器计到一个数据位宽度的一半（若时钟脉冲频率为波特率的 16 倍，则计数到第 8 个脉冲）时，又重新采样 RXD 线，若其仍为低电平，则确认它为起始位。于是，将计数器清零，开始进行采样并进行字符装配，具体地说，就是每隔一个数位传输时间（在前面假设下，相当于 16 个接收时钟脉冲间隔时间，即计数器按模 16 计数），对 RXD 进行一次采样，并将采样值移入移位寄存器中，这样就得到了并行数据。对这个并行数据进行奇偶校验并去掉停止位后，通过内部总线送到数据总线缓冲器中的数据输入缓冲器中，同时发出 RXRDY 信号送给 CPU，表示已经收到一个可用的数据。对于少于 8 位的数据，8251A 则将在高位填上"0"。

（2）在同步接收方式下，8251A 首先搜索同步字符。具体地说，就是 8251A 监测 RXD 线，每当 RXD 线上出现一个数据位时，就把它接收并移入移位寄存器，然后把移位寄存器的内容与同步字符寄存器的内容进行比较，若两者不相等，则接收下一位数据，并重复上述比较过程。若两个寄存器的内容比较相等时，8251A 的 SYNDET 引脚就变为高电平，表示同步字符已经找到，同步已实现。

当采用双同步字符方式时，就要在测得接收移位寄存器的内容与第一个同步字符寄存器的内容相同后，再继续检测此后的接收移位寄存器的内容是否与第二个同步字符寄存器的内容相同。如果不同，则重新比较接收移位寄存器和第一个同步字符寄存器的内容；如果相同，则认为同步已经实现。

外同步是通过在同步输入端 SYNDET 加一个高电平来实现同步的。当 SYNDET 端一出现高电平，8251A 就会立刻脱离对同步字符的搜索过程，只要此高电平能维持一个接收时钟周期，8251A 便认为已经完成同步。

实现同步之后，接收缓冲器利用时钟信号对 RXD 线进行采样，并把收到的数据送入移位寄存器中。每当移位寄存器收到的位数达到规定的一个字符的数位时，就将移位寄存器的内容送入数据输入缓冲器，并且在 RXRDY 引脚上发出一个信号，表示收到了一个字符。

4. 读/写控制逻辑电路

读/写控制逻辑电路对 CPU 输出的地址及控制信号进行译码以实现对 8251A 中各个端口的访问。

5. 调制解调控制电路

调制解调控制电路用来简化 8251A 和调制解调器的连接。在进行远程通信时，要用调制器将串行接口送出的数字信号变为模拟信号，再发送出去；接收端则要用解调器将模拟信号变为数字信号。在全双工通信情况下，每个收发端都要连接调制解调器。8251 的调制解调控制电路提供了一组通用的控制信号，使得 8251A 可以直接和调制解调器连接。

6. 8251A 的引脚功能

8251A 的引脚信号可分为两组：一组为与 CPU 连接的信号，另一组为与外设（或调制解调器）连接的信号。引脚及功能如表 7.2.1 所示。

连接到 CPU 总线的 C/$\overline{D}$（一般连接地址信号）、$\overline{RD}$、$\overline{WR}$、$\overline{CS}$ 通过读/写控制逻辑对形成对内部端口的访问，对应的端口如表 7.2.2 所示。

表 7.2.1　8251A 的引脚信号

类型	引脚名称	功能及说明
与 CPU 连接 的 信 号	D7～D0	数据线
	$\overline{RD}$	读控制信号
	$\overline{WR}$	写控制信号
	$\overline{CS}$	片选信号
	C/$\overline{D}$	控制/数据信号，为高电平表示写控制字或读状态字，为低电平表示读/写数据
	RESET	复位信号。当这个引脚上出现一个 6 倍时钟宽的高电平信号时，8251A 被复位进入空闲状态
	CLK	时钟信号。CLK 用来产生 8251A 的内部时序
	TXRDY	发送器准备好状态信号，高电平有效。当它有效时，表示发送器已准备好接收 CPU 送来的数据
	TXEMPTY	发送器空状态信号，高电平有效。当它有效时，表示发送器中的移位寄存器已经变空
	TXC	发送时钟信号，由它控制 8251A 发送数据的速度
	RXC	接收时钟信号
	RXRDY	接收准备好状态信号，高电平有效
	SYNDET	同步检测信号

类型	引脚名称	功能及说明
与调制解调器连接的信号	$\overline{\text{DTR}}$	数据终端准备好，输出信号，低电平有效。它由命令字的 D1 位置"1"变为有效，用以表示 8251A 准备就绪
	$\overline{\text{RTS}}$	请求发送，输出信号，低电平有效。用于通知调制解调器，8251A 要求发送。它由命令字的 D5 位置"1"来使其有效
	$\overline{\text{DSR}}$	数据装置准备好，输入信号，低电平有效。用以表示调制解调器已经准备好。CPU 通过读状态寄存器的 D7 位检测这个信号
	$\overline{\text{CTS}}$	请求发送清除，也称为允许发送，输入信号，低电平有效，是调制解调器对 8251A $\overline{\text{RTS}}$ 信号的响应，当其有效时 8251A 方可发送数据
	RXD	接收数据线
	TXD	发送数据线

表 7.2.2　8251A 读/写操作功能表

$C/\overline{D}$	$\overline{\text{RD}}$	$\overline{\text{WR}}$	$\overline{\text{CS}}$	数据线功能特点
0	0	1	0	数据总线←8251A 数据
0	1	0	0	8251A 数据←数据总线
1	0	1	0	数据总线←8251A 状态
1	1	0	0	8251A 控制字←数据总线
×	1	1	0	高阻
×	×	×	1	高阻

7.2.2　8251A 的编程

1. 8251A 控制字

在使用 8251A 时，必须先写入控制字设置它的工作方式、字符的格式和传送的速率等。

8251A 有两个控制字和一个状态字。方式选择控制字在 8251A 复位之后送入，操作命令控制字在方式选择控制字之后的任何时间均可送入。

方式选择控制字用来选择工作方式，即确定数据位长度、是否要奇偶校验、停止位的位数或同步字符的个数等。方式选择控制字的格式如图 7.2.2 所示。

操作命令控制字控制 8251A 的发送、接收、内部复位等的实际操作。操作命令控制字格式如图 7.2.3 所示。

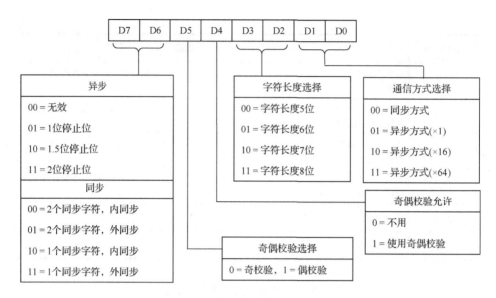

图 7.2.2　8251A 方式选择控制字格式

D7	D6	D5	D4	D3	D2	D1	D0
EH	IR	RTS	ER	SBRK	RXE	DTR	TXEN
1=搜索同步字符	1=内部复位	1=发送请求有效	1=错误标志复位	1=发送中止字符	1=接收允许	1=数据终端准备好	1=发送允许

图 7.2.3　8251A 操作命令控制字格式

2. 8251A 状态字

状态字格式如图 7.2.4 所示。CPU 可在任意时刻，通过输入指令将 8251A 内部状态寄存器的内容（即状态字）读入 CPU，以判断 8251A 当前的工作状态。

D7	D6	D5	D4	D3	D2	D1	D0
DSR	SYNDET/BD	FE	OE	PE	TXEMPTY	RXRDY	TXRDY
1=数据装置就绪	1=同步检出	1=格式错	1=溢出错	1=奇偶错	1=发送移位器空	1=接收准备好（输入缓冲器满，读复位）	1=发送准备好（输出缓冲器空，写复位）

图 7.2.4　8251A 状态字格式

3. 8251A 初始化流程

当硬件复位或者通过软件编程对 8251A 复位后，总要根据规定的工作状态进行初始化编程，即向方式选择寄存器和命令寄存器写入控制字。8251A 初始化的流程如图 7.2.5 所示。

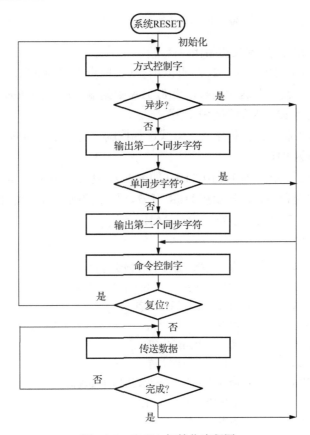

图 7.2.5　8251A 初始化流程图

7.2.3　8251A 的应用示例

例 7.2.1　8251A 异步方式初始化。

设 8251A 工作在异步方式，波特率因子为 16，每个字符 7 个数据位，采用偶校验，2 个停止位，允许发送和接收，设 8251A 数据端口地址为 200H，8251A 控制端口地址为 201H。试编写 8251A 的初始化程序。

（1）方式选择控制字：根据题意，方式选择控制字为 11111010B（即 FAH），写入控制端口，端口地址为 201H。

（2）命令控制字：设置为 00110111B（即 37H），置引脚 $\overline{\text{RTS}}$、$\overline{\text{DTR}}$ 有效，允许发送和接收，写入控制端口，端口地址为 201H。

（3）初始化程序：

```
MOV    AL,0FAH     ; 方式选择控制字，异步方式，7 位/字符，
                   ; 偶校验，2 个停止位
MOV    DX,201H     ; 控制端口地址
OUT    DX,AL       ; 设置方式选择控制字
MOV    AL,37H      ; 命令控制字，RTS、DTR 有效，
                   ; 发送和接收允许，清出错标志
```

```
OUT    DX,AL        ; 设置命令控制字
```

例 7.2.2　8251A 同步方式初始化。

设 8251A 工作在同步方式，2 个同步字符（设同步字符为 3AH），每个字符 7 个数据位，采用偶校验，允许发送和接收，设 8251A 数据端口地址为 90H，8251A 控制端口地址为 91H。试编写 8251A 的初始化程序。

（1）方式选择控制字：根据题意，方式选择控制字为 00111000B（即 38H），写入控制端口，端口地址为 91H。

（2）命令控制字：设置为 10010111B（即 97H），使 8251A 进入同步字符检测，出错标志复位，允许发送和接收，置引脚 $\overline{\text{DTR}}$ 有效，写入控制端口，端口地址为 91H。

（3）同步字符：2 个同步字符，均为 3AH。

（4）初始化程序：

```
MOV    AL,38H       ; 方式选择控制字，内同步方式，
                    ; 2 个同步字符，7 位/字符，偶校验
OUT    91H,AL       ; 设置方式选择控制字
MOV    AL,3AH       ; 同步字符
OUT    91H,AL       ; 送第一个同步字符
OUT    91H,AL       ; 送第二个同步字符
MOV    AL,97H       ; 命令控制字，启动发送器和接收器，
                    ; 清出错标志，DTR 有效
OUT    91H,AL       ; 设置命令控制字
```

例 7.2.3　8251A 状态字的使用。

设 8251A 工作在异步方式，波特率因子为 16，每个字符 7 个数据位，采用偶校验，2 个停止位，允许接收，设 8251A 数据端口地址为 70H，8251A 控制端口地址为 71H。试编写 8251A 输入 100 个字符的程序段，字符存入 DATA 开始的存储区。

（1）方式选择控制字：根据题意，方式选择控制字为 11111010（即 FAH），写入控制端口，端口地址为 71H。

（2）命令控制字：设置为 00110111B（即 37H），置引脚 $\overline{\text{RTS}}$、$\overline{\text{DTR}}$ 有效，出错标志复位，允许发送和接收（虽然本例只是接收，但 8251A 作为串行通信接口，通常同时具有发送和接收功能，只是本例仅编写输入部分程序而已），写入控制端口，端口地址为 71H。

（3）状态字：检测状态字 D1 位的 RXRDY，若 RXRDY=1，说明已接收一个完整字符，可以读取。读取一个字符后，还要确定接收的字符是否正确，方法是检测状态字的 D5 位、D4 位、D3 位（帧错、溢出错、奇偶错），相应位为 1 表明出现对应的错误，需要进行错误处理。

（4）初始化程序：

```
MOV    AL,0FAH      ; 方式选择控制字，异步方式，7 位/字符，
                    ; 偶校验，2 个停止位
```

```
          OUT     71H,AL          ; 送控制端口
          MOV     AL,37H          ; 命令控制字，RTS、DTR 有效，
                                  ; 发送和接收允许，清出错标志
          OUT     71H,AL          ; 送控制端口
          MOV     DI,OFFSET  DATA ; 设置输入字符存储偏移地址
          MOV     CX,100          ; 计数器初值，输入 100 个字符
    X1: IN        AL,71H          ; 读状态字
          TEST    AL,02H          ; RXRDY=1? 是则接收字符就绪，准备读取并存储
          JZ      X1              ; RXRDY 不为 1，输入字符未就绪，循环等待
          IN      AL,70H          ; 读取字符
          MOV     [DI],AL         ; 存储
          INC     DI              ; 修改存储指针
          IN      AL,71H          ; 读状态字
          TEST    AL,38H          ; 测试有无帧错、溢出错、奇偶错
                                  ; （状态字相应位为 1 表明出错）
          JNZ     X2              ; 出错，转错误处理程序
          LOOP    X1              ; 正确，接收下一个字符
          JMP X3                  ; 全部接收完成，转结束
    X2:……                        ; 错误处理程序
    X3:……                        ; 结束处理
```

例 7.2.4　利用 8251A 实现双机通信。

利用两片 8251A 实现两台 80x86 微型计算机之间的串行通信，采用查询方式控制传输过程，系统连接示意图如图 7.2.6 所示。通信格式规定为：异步方式，8 位数据，1 位停止位，偶校验，波特率因子 16。

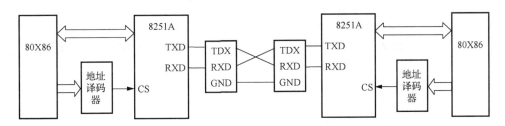

图 7.2.6　利用 8251A 实现双机通信

发送端 CPU 每查询到 TXRDY 有效，就向 8251A 输出 1 字节数据。接收端 CPU 每查询到 RXRDY 有效，就从 8251A 输入 1 字节数据，一直进行到全部数据传送完毕为止。

（1）发送端程序设计：

```
    SCPORT    EQU     "接收端 8251A 控制端口"
    SDPORT    EQU     "接收端 8251A 数据端口"
    SDATAA    EQU     "发送数据块首地址"
```

```
    SDATAN      EQU        "发送数据块字节数"
                MOV        DX,SCPORT
                MOV        AL,7EH          ; 方式选择控制字
                OUT        DX,AL
                MOV        AL,11H          ; 命令控制字，发送允许，清出错标志
                OUT        DX,AL
                MOV        SI,SDATAA
                MOV        CX,SDATAN
    X1:         MOV        DX,SCPORT
                IN         AL,DX           ; 读状态字
                AND        AL,01H          ; 查询 TXRDY=1？
                JZ         X1              ; 上一个数据未发送完，等待
                MOV        DX,SDPORT
                MOV        AL,[SI]         ; 取下一个要发送的数据
                OUT        DX,AL           ; 向 8251A 输出 1 字节数据
                INC        SI              ; 修改地址指针
                LOOP       X1              ; 未传输完，循环
                ……
```

（2）接收端程序设计：

```
    RCPORT      EQU        "接收端 8251A 控制端口"
    RDPORT      EQU        "接收端 8251A 数据端口"
    RDATAA      EQU        "接收数据块首地址"
    RDATAN      EQU        "接收数据块字节数"
                MOV        DX,RCPORT
                MOV        AL,7EH           ; 方式选择控制字
                OUT        DX,AL
                MOV        AL,14H           ; 命令控制字，允许接收，清出错标志
                OUT        DX,AL
                MOV        DI,RDATAA
                MOV        CX,RDATAN
    Y1:         MOV        DX,RCPORT
                IN         AL,DX            ; 读状态字
                TEST       AL,02H           ; RXRDY=1？是，接收字符就绪，
                                            ; 准备读取并存储
                JZ         Y1               ; RXRDY 不为 1，输入字符未就绪，
                                            ; 循环等待
                TEST       AL,38H           ; 测试有无帧错、溢出错、奇偶错
                                            ; （状态字相应位为 1 表明出错）
                JNZ        Y2               ; 出错，转错误处理程序
                MOV        DX,RDPORT
```

```
        IN      AL,DX           ; 读取 1 字节数据
        MOV     [DI],AL         ; 保存数据
        INC     DI              ; 修改地址指针
        LOOP    Y1              ; 未传输完, 循环
        ......                  ; 结束处理
Y2:     ......                  ; 错误处理程序
```

习　题

7.1　数字通信有哪两种基本形式？什么是串行通信？

7.2　串行通信的通信方式有哪几种？其数据传送方式有哪几种？

7.3　画出异步串行通信传送大写字母 A（ACSII 为 41H）的波形图。通信格式是 7 位数据、偶校验、2 位停止位。

7.4　什么叫比特率？什么叫波特率？

7.5　采用异步通信方式，紧跟在起始位后面的是数据的最低位还是最高位？起始位和停止位分别是什么电平？

7.6　当串行通信的波特率是 2400bit/s 时，数据位时间周期是多少？

7.7　简述异步通信和同步通信的主要区别。

7.8　某微型计算机系统向外设发送串行数据，在以下两种情况下，以异步方式和以同步方式传送时，二者传送效率如何？由此可得出什么结论？

（1）传送 10 个 8 位数据。

（2）连续传送 10K 个 8 位数据。

7.9　设某异步通信的格式为 1 位起始位、7 位数据位、1 个奇偶校验位和 2 个停止位，如果波特率为 1200bit/s，求每秒钟最多能传送多少个字符？

7.10　825lA 和 CPU 之间有哪些连接信号？各有什么作用？

7.11　8251A 在接收时可检测几种错误？每一种错误是如何产生的？

7.12　简述 8251A 初始化的一般步骤。

7.13　在 8088 为 CPU 的系统中采用 8251A 为串行接口，进行串行异步通信的参数是 8 个数据位、1 个停止位、不采用奇偶校验、波特率因子 16，要求：

（1）设计 8088 与 8251A 的接口电路。

（2）确定 8251A 的端口地址。

（3）编写 8251A 的初始化程序。

7.14　已知 8251A 发送的数据格式为数据位 7 位、偶校验、1 个停止位、波特率因子 64。设 8251A 控制寄存器的端口地址是 309H，发送/接收寄存器的端口地址是 308H。试编写用查询方式和中断方式收发数据的通信程序。

7.15　设计一个微型计算机的数据串行通信接口，并给出以串行异步通信方式接收 1000 个数据依次存入 DATA 开始的存储单元的控制程序，要求：

（1）串行接口采用 8251A，画出系统的硬件连接图。

（2）确定 8251A 端口地址。

（3）确定异步串行通信参数。

（4）初始化 8251A。

（5）编写应用程序。

7.16　两个微型计算机都采用 8251A 为串行通信接口，双机串行通信的收发时钟的频率为 38.4kHz，它的 $\overline{\text{RTS}}$ 和 $\overline{\text{CTS}}$ 引脚相连。两个微型计算机系统的 8251A 端口地址相同，数据端口地址为 2C0H，控制端口地址为 2C1H，试完成以下要求的程序。

（1）给出设置 8251A 为以下状态的初始化程序：异步通信，每个字符的数据位数是 7 位，停止位为 1 位，偶校验，波特率为 600bit/s，发送、接受允许。给出通过查询方式实现传输 1000 个数据的控制程序。

（2）给出设置 8251A 为以下状态的初始化程序：同步通信，每个字符的数据位数是 8 位，无奇偶校验，内同步方式，双同步字符，同步字符为 16H，发送、接收允许。

第8章 数模转换及模数转换

能够将模拟量转变为数字量的器件称为模数转换器，简称 ADC 或 A/D 转换器。能将数字量转换为模拟量的器件称为数模转换器，简称 DAC 或 D/A 转换器。

模拟量转换为数字量，一般要先通过传感器把物理量转换为模拟的电压或电流量，通过 A/D 转换器转换为数字量。数字量转换为模拟量，一般是先通过 D/A 转换器把数字量转换为电压或电流，再通过相应的执行机构转换为需要的物理量形式。

8.1 数 模 转 换

8.1.1 数模转换原理

D/A 转换是把数字量信号按照一定的对应关系转换成模拟量信号的过程，一般是按照比例关系把数字量转换为模拟量。D/A 转换的方法较多，但常用的方法是 T 型电阻网络。

1. T 型电阻网络 D/A 转换原理

以 4 位 D/A 转换为例，如图 8.1.1 所示，二进制数字量 D=D3D2D1D0，其中 D3、D2、D1、D0 分别为权值是 2^3、2^2、2^1、2^0 的位。某位为 1，对应的开关连"1"端，为 0，开关连"0"端。V_{REF} 是一个有足够精度的标准电源。

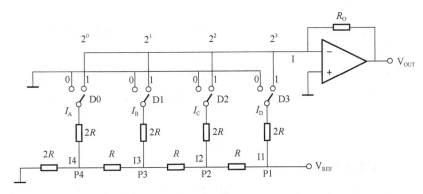

图 8.1.1 T 型电阻网络 D/A 转换器例

从图 8.1.1 中可以看到，一个支路中，如果开关倒向"0"端，那么支路中的电阻就接到真正的地，如果开关倒向"1"端，那么电阻就接到虚地。所以不管开关倒向哪一边，都可以认为是接"地"。不过，只有开关倒向"1"端时，才能给运算放大器输入端提供电流，流向放大器的电流 I 经运算放大器转换为输出电压 V_{OUT}。

由 R、$2R$ 电阻组成的 T 型电阻网络，节点 P1、P2、P3、P4 都是两个 $2R$ 电阻并联结构，它实现了按不同的权值产生不同的电流，再由运算放大器完成累加以输出不同的电压。

这样，就很容易算出 P1 点、P2 点、P3 点、P4 点的电位分别为 V_{REF}、$1/2 \cdot V_{REF}$、$1/4 \cdot V_{REF}$、$1/8 \cdot V_{REF}$。各支路的电流 I1、I2、I3、I4 值分别为 $1/(2R) \cdot V_{REF}$、$1/(4R) \cdot V_{REF}$、$1/(8R) \cdot V_{REF}$、$1/(16R) \cdot V_{REF}$。那么电流 I 为

$$I = \frac{V_{REF}}{2^1 R} \cdot D3 + \frac{V_{REF}}{2^2 R} \cdot D2 + \frac{V_{REF}}{2^3 R} \cdot D1 + \frac{V_{REF}}{2^4 R} \cdot D0$$

$$= \frac{V_{REF}}{2^4 R} \cdot (2^3 \cdot D3 + 2^2 \cdot D2 + 2^1 \cdot D1 + 2^0 \cdot D0)$$

由于

$$D = D3D2D1D0 = 2^3 \cdot D3 + 2^2 \cdot D2 + 2^1 \cdot D1 + 2^0 \cdot D0$$

所以

$$I = \frac{V_{REF}}{2^4 R} \cdot D$$

相应的输出电压为

$$V_{OUT} = -I \cdot R_O = -\frac{V_{REF}}{2^4 R} \cdot D \cdot R_O$$

由上式可见，在电阻 R_O、标准电源 V_{REF} 为常数时，输出电流 I 以及经放大器后的输出电压 V_{OUT} 与数字量 D 呈比例关系。

2. D/A 转换器的主要参数

衡量一个 D/A 转换器性能的主要参数有分辨率、建立时间和线性度。

分辨率定义为：当输入数字发生单位数码变化时，即最低有效位（least significant bit，LSB）产生一次变化时，所对应输出模拟量（电压或电流）的变化量。实际上，分辨率是反映输出模拟量的最小变化值。对于线性 D/A 转换器来说，其分辨率与数字量输入的位数 n 呈下列关系：

$$分辨率 = FS/2^n$$

式中，FS 为模拟输出的满量程值。

建立时间也可以叫作转换时间，是描述 D/A 转换速率快慢的一个重要参数，一般所指的建立时间是指输入数字量变化后，输出模拟量稳定到相应数值范围内（稳定值 $\pm \varepsilon$，ε 为允许的误差）所经历的时间。

线性度是指，当数字量变化时，D/A 转换器输出的模拟量按比例关系变化的程度。

理想的 D/A 转换器是线性的，但实际上有误差，模拟输出偏离理想输出的最大绝对值称为线性误差，其与 FS 之比用百分数表示就是线性度。

3. D/A 转换器的输入输出特性

一个 D/A 转换器的主要输入输出特性有：输入缓冲能力、输入数据的宽度、电流型还是电压型、单极性输出还是双极性输出、输入码制。

输入缓冲能力是指 D/A 转换器是否带有三态输入缓冲器或锁存器来保存输入数字量。

输入数据的宽度是要转换为模拟量的数字量的位数。

电流型还是电压型是指 D/A 转换器直接的输出量是电流还是电压。

单极性输出还是双极性输出是指 D/A 转换器输出的电模拟量的极性特点。

输入码制是指 D/A 转换器能接收哪些码制（如二进制码、BCD 码等）的数字量输入。

8.1.2 DAC0832 数模转换器及应用

DAC0832 是一款 8 位 D/A 转换器。主要特性如下：

8 位分辨率，电流型输出，外接参考电压-10V～+10V，可采用双缓冲、单缓冲或直接输入三种工作方式，单电源+5～+15V，电流建立时间 1μs，R-2R T 型解码网络，线性误差 0.2%FS（FS 为满量程），非线性误差 0.4%FS，数字输入与 TTL 兼容。

1. DAC0832 的内部构造

DAC0832 由 4 个部分组成：一个 8 位输入寄存器、一个 8 位 DAC 寄存器、一个 8 位 D/A 转换器和一组控制逻辑。DAC0832 内部结构如图 8.1.2 所示。

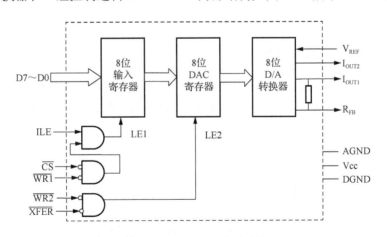

图 8.1.2 DAC0832 内部结构

DAC0832 中，D/A 转换器采用的就是 R-2RT 型电阻网络。DAC0832 是电流型输出，改变参考电压的极性，可以相应地改变输出电流的流向，从而控制输出电压的极性。

DAC0832 在使用时可以采用由 LE1 和 LE2 分别控制的双缓冲方式、LE1 和 LE2 有一个常有效的单缓冲方式，或 LE1 和 LE2 都常有效的直通方式。

2. DAC0832 引脚功能

DAC0832 的引脚配置如下。

D7～D0：8 位数字量输入端。

ILE：输入寄存器允许信号，输入，高电平有效。

$\overline{CS}$：片选信号，低电平有效。

$\overline{WR1}$：输入寄存器写选通信号，输入，低电平有效。输入寄存器的锁存信号 LE1 由 ILE、$\overline{CS}$ 和 $\overline{WR1}$ 的逻辑组合产生，LE1 为高电平时，输入寄存器状态随输入数据变化，LE1 变负时输入寄存器的状态不再随输入变化。

$\overline{XFER}$：传送控制信号，低电平有效。

$\overline{WR2}$：DAC 寄存器的写选通信号，DAC 寄存器的锁存信号 LE2 由 $\overline{XFER}$ 和 $\overline{WR2}$ 的逻辑组合产生。LE2 为高电平时，DAC 寄存器的输出随寄存器的输入而变化，LE2 负跳变时，输入寄存器的内容写入 DAC 寄存器并开始 D/A 转换。

V_{REF}：参考电压，接至内部 T 型电阻网络，电压范围为-10～+10V。

I_{OUT1}：电流输出端 1，其值随 DAC 内容线性变化。当 DAC 寄存器的内容为全"1"时，输出电流最大，为全"0"时，输出电流为零。

I_{OUT2}：电流输出端 2，$I_{OUT1}+I_{OUT2}$=常数。

R_{FB}：反馈电阻。由于片内已具有反馈电阻，故可以与外接运算放大器输出端短接。

Vcc：电源电压，可用+5～+15V，最佳状态是+15V。

AGND：模拟地。

DGND：数字地。

3. DAC0832 的电压输出电路

DAC0832 为电流输出型的 D/A 转换器，要获得电压输出，需要外加转换电路。图 8.1.3 是 DAC0832 常用的一种两极运算放大器组成的模拟电压输出电路。

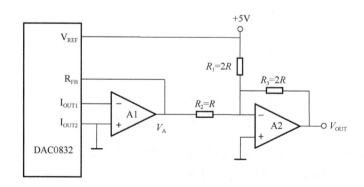

图 8.1.3　D/A 转换器的输出电路

图 8.1.3 中，$V_A = \dfrac{V_{REF}}{2^8} \cdot N$，$N$ 为输入的 8 位二进制数字量，V_A 输出为单极性模拟电压，电压范围是 $-5 \sim 0\text{V}$。由图 8.1.3 可知

$$V_{OUT} = -\left(\frac{V_A}{R_2} + \frac{V_{REF}}{R_1}\right) \times R_3 = -\left(\frac{R_3}{R_2} \times V_A + \frac{R_3}{R_1} \times V_{REF}\right) = -\left(2V_A + V_{REF}\right)$$

$$= -\left[2 \times \left(-\frac{V_{REF}}{2^8} N\right) + V_{REF}\right] = \frac{N}{128} \times V_{REF} - V_{REF} = \frac{N-128}{128} \times V_{REF}$$

如果参考电压 V_{REF} 为 +5V，则 $V_{OUT} = \left(N-128\right) \times 39\,(\text{mV})$，此时

若 N=00H，$V_{OUT} = -5\text{V}$

若 N=80H，$V_{OUT} = 0\text{V}$

若 N=0FFH，$V_{OUT} = 4.96\text{V} \approx +5\text{V}$

可见，从 V_{OUT} 输出为双极性模拟电压。电压范围是 $-5 \sim +5\text{V}$。

4. DAC0832 的应用

DAC0832 单缓冲方式应用很广泛，可对生产现场某执行机构进行控制，也可产生各种智能信号。设定 DAC0832 的地址为 78H。当 CPU 送出 00H～0FFH 数据，经 DAC0832 转换 V_{OUT} 为 0～+5V 的模拟电压送至现场执行机构。其 V_{OUT} 输出模拟电压控制程序段如下。

（1）V_{OUT} 输出模拟电压 0V～+5V 程序段。

```
MOV    AL,N            ; N 为 00H～0FFH 间的任意数
OUT    78H,AL
```

（2）方波发生器程序段。

```
X1: MOV    AL,00H
    OUT    78H,AL
    CALL   DELAY        ; DELAY 为延时子程序
    MOV    AL,0FFH
    OUT    78H,AL
    CALL   DELAY
    JMP    X1
```

（3）锯齿波发生器程序段。

```
Y1: MOV    AL,00H
    OUT    78H,AL
Y2: INC    AL
    OUT    78H,AL
    MOV    CX,n         ; 延时，根据实际要求设置 n 为某一个具体数
```

```
Y3:LOOP    Y3
    JMP    Y2
```

（4）三角波发生器。

```
Z1: MOV    AL,00H
Z2: OUT    78H,AL
    CALL   DELAY       ;调延时子程序
    INC    AL
    JNZ    Z2
    DEC    AL          ;使 AL=0FFH
    DEC    AL          ;使 AL=0FEH，消除平顶
Z3: OUT    78H,AL
    CALL   DELAY       ;调延时子程序
    DEC    AL
    JNZ    Z3
    JMP    Z2
```

5. DAC0832 的典型连接

DAC0832 的典型连接是单极性单缓冲方式，如图 8.1.4 所示。图中 DAC0832 的端口地址为 80H～83H，使用 OUT 80H，AL 命令将 AL 中的数据输出。

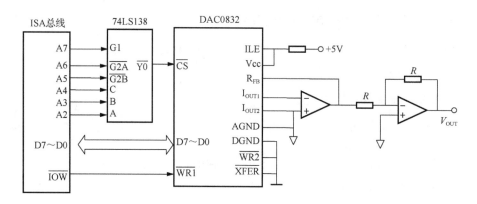

图 8.1.4　DAC0832 单缓冲接口

例 8.1.1　利用 DAC0832 输出单极性模拟量电压信号。

将从 2000H 开始的 50 字节数据依次送到 DAC0832 输出，每个数据输出间隔时间为 1ms，可调用 D1ms 延时 1ms 子程序。

输出程序编制如下：

```
X1: MOV    SI,2000H
    MOV    CX,50
X2: MOV    AL,[SI]
```

```
INC    SI
OUT    80H,AL
CALL   D1ms
LOOP   X2
HLT
```

8.2　模　数　转　换

8.2.1　模数转换原理

1. A/D 转换的基本过程

模拟量是时间上和幅值上都连续的一种信号，模拟量经过取连续的不同时刻上的值，得到时间上离散、幅值上连续的信号，称为离散信号，这一过程称为采样；把离散信号在幅值上进一步离散化，称为量化。量化后的信号是时间上和幅值上都离散的数字量。

采样过程一般包括保持与采样两个步骤；量化过程是将离散量变换成数字量，一般包括量化与编码两个步骤。

保持是在对模拟量进行采样的过程中，使输入的信号保持启动采样时刻的值，不再随着时间变化。编码是采用有限位的某种进制数（如二进制）对量化后的数据进行表示。A/D 转换完成采样与量化过程，把一个模拟量转换为数字量。

1）采样

采样的过程一般是：先使用一个采集电路，对模拟信号某个（某些）时间点上的值进行采集。如图 8.2.1 所示，$f(t)$ 为模拟信号 [图 8.2.1（a）]，对该信号按等距离时间间隔 T 进行采样保持，即可得到一个新的阶梯信号 $f(t_n)$[图 8.2.1（b）]，其中，$t_n=nT(n=0,1,2,\cdots)$。t_n 表示采样的时间，这是一个时间离散的量，但 $f(t_n)$ 的值仍是一个连续的量。

在等时间间隔采样时，时间间隔 T 叫作采样周期，把 T 的倒数 $1/T$ 称为采样频率 f，即 $f=1/T$。显然，采样频率越高，即 T 越小，则阶梯函数 $f(t_n)$ 就越接近连续的模拟输入信号 $f(t)$。香农（Shannon）采样定理给出了采样信号与连续模拟信号的关系。

香农采样定理：对一个有限频谱（$\omega<+\omega_{max}$）的连续信号进行采样，当采样频率 $f \geqslant 2f_{max}$ 时（f_{max} 是输入模拟信号的最高频率），采样输出信号能无失真地恢复原来的连续信号。

2）量化

模拟量信号被采样以后，采样信号的每个采样值是幅值上连续的信号，但是要想用计算机处理，就必须转换为数字量。图 8.2.1（c）是用 3 位二进制数对采样信号进行 8 个量级编码的例子，每个采样信号近似地用就近的 3 位二进制数码表示，就得到这些采样信号的数字量。

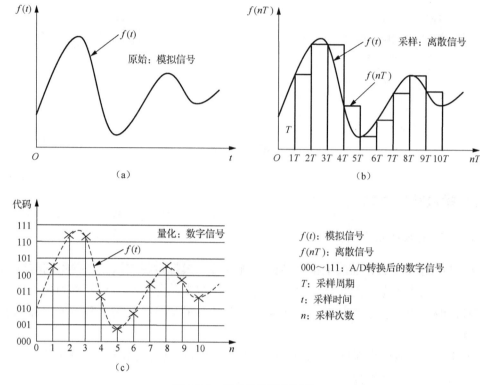

图 8.2.1　信号的采样和量化

2. 逐次逼近式 A/D 转换

实现 A/D 转换的方法有很多，最基本的方法之一是逐次逼近式 A/D 转换器。

图 8.2.2 为 8 位逐次逼近式 A/D 转换原理示意图。当转换器收到启动信号之后，首先，逐次逼近寄存器清 0，通过内部 D/A 转换器使输出电压 V_o 为 0，然后开始转换：在

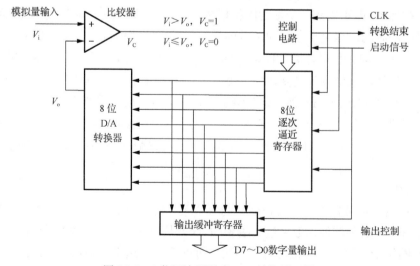

图 8.2.2　8 位逐次逼近式 A/D 转换原理图

第 1 个 CLK 周期，控制电路置逐次逼近寄存器最高位 D7 为 1（即 10000000）。这一组数字量经 D/A 转换，输出模拟电压 V_o。V_o 与模拟量输入 V_i 经比较器进行比较，如果 $V_i > V_o$，比较器输出为 1，保留 D7 为 1，否则，D7 置 0。在第 2 个 CLK 周期，再置逐次逼近寄存器次高位 D6 为 1（即 $d_7$1000000，d_7 表示第一步确定的 D7 位的值），如果 $d_7$1000000 产生的 V_o 比 V_i 大，则比较器输出为 0，使 D6 置 0，否则保留 D6 为 1 的状态。依此类推，重复上述过程，直到 D0 位试探完毕，即得到对应的 8 位数字量。

3. A/D 转换器的主要技术指标

A/D 转换器的主要技术指标有量程、分辨率、精度、转换时间等。

量程是指 A/D 转换器所能转换的输入电压范围。

分辨率表明能够分辨最小的量化信号的能力。它是输出数字量变化一个相邻数码所需输入模拟量的变化值，即数字输出的 LSB 所对应的模拟输入值，若输入量的量程值为 V_{FS}，转换器的位数为 n，那么分辨率就是 $\dfrac{1}{2^n} \cdot V_{FS}$。由于分辨率与转换器的位数 n 直接有关，所以常用位数来表示分辨率。

例 8.2.1　当输入电压量程值为 V_{FS}=10V 时，采用 10 位 A/D 转换器，其分辨率为 $\dfrac{1}{2^n} \cdot V_{FS}$ =10V/1024≈0.01V。

精度是指 A/D 转换器的实际转换函数与理想转换函数的接近程度。精度又分为绝对精度和相对精度。

绝对精度是在完全理想的工作条件下，尤其是基准电压非常准确的情况下，A/D 转换器的实际转换函数与理想转换函数差异的最大绝对值。

相对精度是 A/D 转换器的实际转换函数与理想转换函数最大绝对误差与满刻度的百分比。由于理想转换函数往往为线性关系，相对精度也称为线性度。

转换时间是指 A/D 转换器完成一次转换所需的时间，即从启动转换开始到转换结束并得到稳定的数字输出量所需的时间。

8.2.2　ADC0809 八位模数转换器及应用

ADC0809 是有 8 路输入的单片 A/D 转换器。其主要特性是：8 位分辨率，输入电压范围 0～+5V，转换时间 100μs（640kHz 条件），时钟频率 100～1280kHz，标准时钟为 640kHz，无漏码，单一电源+5V，8 路单端模拟量输入通道，参考电压+5V，总的不可调误差 ± 1LSB，温度范围-40～+85℃，功耗低 15mW，不需进行零点调整和满量程调整，可锁存的三态输出，输出与 TTL 电路兼容。

1. ADC0809 内部结构

ADC0809 内部结构如图 8.2.3 所示，由三个部分组成：8 路模拟开关及地址锁存与译码、8 位 A/D 转换器、8 位锁存器和三态门。

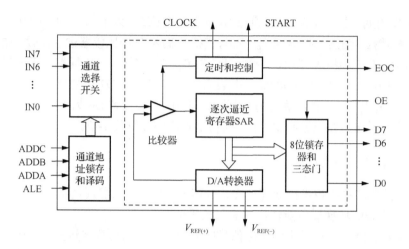

图 8.2.3　ADC0809 内部结构

ADC0809 可以通过引脚 IN7～IN0 输入 8 路模拟量。由三位通道地址选择信号译码控制通道选择开关，选择一路连接到转换逻辑。同一时间只能有一路模拟信号进行 A/D 转换。模拟量输入通道与地址选择的对应关系如表 8.2.1 所示。

表 8.2.1　8 路模拟量输入通道与地址选择对应关系

地址 ADDR			模拟量输入通道
ADDC	ADDB	ADDA	
0	0	0	IN0
0	0	1	IN1
0	1	0	IN2
0	1	1	IN3
1	0	0	IN4
1	0	1	IN5
1	1	0	IN6
1	1	1	IN7

ADC0809 采用逐次逼近式转换方法，该转换器包括比较器、逐次逼近寄存器 SAR、开关树、256R 网络和控制逻辑等部件。

当 8 位数字量逐次逼近式转换方法逐次确定后，得到一个确定的数字量。该数字量在三态输出锁存器中锁存，并经三态缓冲器与计算机数据总线连接，可以由 CPU 读取转换结果。

ADC0809 内部没有模拟输入信号采样保持器，处理快速信号时应外加采样保持器。

2. ADC0809 引脚功能

IN7～IN0：8 路模拟量输入线。

D7～D0：8 位数字量输出线。

ADDC～ADDA：3 位地址线，用来选通 8 路模拟量通道中的一路。

ALE：地址锁存允许，在 ALE 的上升沿，ADDC、ADDB、ADDA 3 位地址信号被锁存到地址锁存器。

START：启动信号，正脉冲有效。

CLOCK：时钟信号，输入线。其时钟频率范围是 100～1280kHz，标准时钟为 640kHz，此时转换时间为 100μs。

EOC：转换结束信号，输出。转换结束后，当 EOC 由电平低变为高电平时，表示转换已经结束，A/D 转换器可提供有效数据。

OE：输出允许，输入线。当 OE 为高电平时打开输出三态缓冲器，使转换后的数据进入数据总线。

$V_{REF(+)}$、$V_{REF(-)}$：基准电压输入。一般应用情况下，$V_{REF(+)}$接+5V，而 $V_{REF(-)}$与 GND 相连。

Vcc：电源电压，接+5V。

GND：地信号。

3. ADC0809 与 CPU 的接口方法

A/D 转换器与 CPU 的数据传送控制方式通常有 3 种：等待方式、查询方式、中断方式。

等待方式又称定时采样方式，或无条件传送方式，这种方式是在向 A/D 转换器发出启动指令（脉冲）后，进行软件延时（等待），此延时时间取决于 A/D 转换器完成 A/D 转换所需要的时间（如 ADC0809 在 640kHz 时为 100μs），经过延时后才可读入 A/D 转换数据。

等待方式下，ADC0809 与微处理器之间的连接如图 8.2.4 所示。图中译码器的输出作为 ADC0809 的转换启动地址 START（同时通道地址锁存信号 ALE 有效）和数字量数据输出地址 OE，转换结束信号 EOC 未用，若采集通道 IN0 的数据，可设计如下程序：

```
MOV    AL,00H       ；设置通道号 0
OUT    84H,AL       ；启动 0 通道进行 A/D 转换
CALL   DELAY100     ；延时 100μs，等待 A/D 转换结束
IN     AL,84H       ；转换结束，读入 A/D 转换结果
```

所谓程序查询方式，就是先选通模拟量输入通道，发出启动 A/D 转换的信号，然后用程序查看 EOC 状态。若 EOC=1，则表示 A/D 转换已结束，可以读入数据；若 EOC=0，则说明 A/D 转换器正在转换过程中，应继续查询，直到 EOC=1 为止。

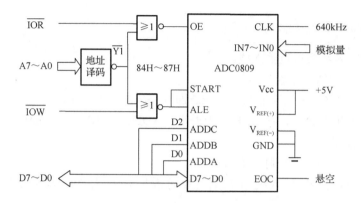

图 8.2.4　ADC0809 与微处理器之间等待方式的连接图

ADC0809 与微处理器之间的查询方式连接如图 8.2.5 所示，利用该接口电路，采用查询方式，对现场 8 路模拟量输入信号循环采集一次，其数据存入数据缓冲区中，程序设计如下：

```
DATA     SEGMENT
COUNT    DB        00H               ; 采样次数
NUMBER   DB        00H               ; 通道号
ADCBUF   DB        8 DUP（?）         ; 采样数据缓冲区
DATA     ENDS
ADCC     EQU       84H               ; A/D 控制端口地址
ADCS     EQU       88H               ; A/D 状态端口地址
CODE     SEGMENT
         ASSUME    CS:CODE, DS:DATA
START:   MOV       AX,DATA
         MOV       DS,AX
         MOV       BX,OFFSET ADCBUF  ; 设置 A/D 缓冲区
         MOV       CL,COUNT          ; 设置采样次数
         MOV       DL,NUMBER         ; 设置通道号
X3:      MOV       AL,DL
         OUT       ADDC,AL           ; 启动 ADC0809 相应通道
X1:      IN        AL,ADCS           ; 读取状态端口
         TEST      AL,80H            ; 析取 EOC
         JNZ       X1                ; EOC≠0，ADC0809 未开始转换，等待
X2:      IN        AL,ADCS
         TEST      AL,80H
         JZ        X2                ; EOC≠1，ADC0809 未转换完成，等待
         IN        AL,ADCC           ; 读数据
         MOV       [BX],AL
         INC       BX                ; 指向下一个数据缓冲单元
         INC       DL                ; 指向下一个通道
```

```
        INC    CL                              ; 采样次数加 1
        CMP    CL,08H
        JNZ    X3
        MOV    AX,4C00H
        INT    21H
CODE    ENDS
        END    START
```

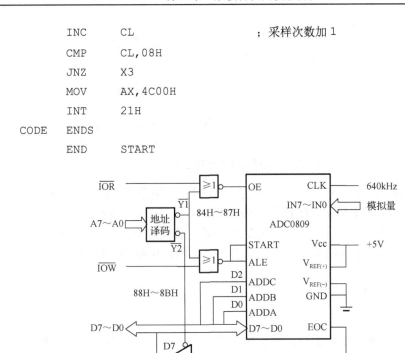

图 8.2.5 ADC0809 与微处理器之间查询方式的连接图

在前两种方式中，无论 CPU 暂停与否，实际上对控制过程来说都是处于等待状态，等待 A/D 转换结束后再读入数据，因此速度慢，为了发挥计算机的效率，有时采用中断方式。在这种方式中，CPU 启动 A/D 转换后，即可转而处理其他事情，比如继续执行主程序的其他任务。一旦 A/D 转换结束，则由 A/D 转换器发出转换结束信号，这一信号作为中断请求信号发给 CPU，CPU 响应中断后，便读入数据。

8.2.3 采样保持器

采样保持器在 A/D 转换接口中起着重要的模拟量存储器的作用。在对模拟量信号进行采集与处理时，尽管 A/D 转换电路的速度很快，但是进行一次转换总需要一定的时间，在这一段时间内，要求被测模拟量信号保持不变，这就需要对被测模拟量信号进行采样和保持工作，采样保持在一个特定的时间上取出一个正在变化的模拟量信号的瞬时值，并把这个值保存下来，直到下次采样或数据处理结束为止。当转换快速变化的模拟量信号时，采样保持器能够有效地减小孔径误差。

1. 采样保持原理

图 8.2.6 为采样保持的原理图及波形。

由控制信号来控制采样工作或保持工作。由图 8.2.6 可见，控制信号为 "1" 时，处于采样状态，此时输出信号随输入信号的变化而变化，当控制信号为 "0" 时，处于保持工作状态，输出保持在采样阶段的最后值上。

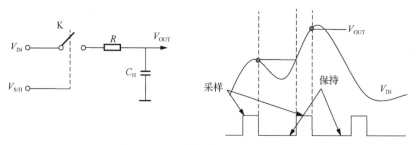

图 8.2.6　采样保持原理图及波形

施加控制信号后，开关 K 合上，输入电压信号 V_{IN} 向电容 C_H 充电，并很快达到（逼近）V_{IN} 的值，控制信号去掉后，模拟量开关 K 断开，电容 C_H 保持断开时 V_{IN} 的电压值，之后电容的电压值 V_{OUT} 与断开瞬间的 V_{IN} 的值相等，并保持不变。由于电路中充电电流全都要由信号源提供，电容泄漏将造成保持值下跌，所以电路并不实用。

2. 采样保持器的主要性能指标

（1）采集时间。

采样保持器不可能是理想器件，当它置于采样方式时，输出跟踪输入需要有一定的时间。采集时间是指从采样开始到输出稳定所需要的时间，一般将采样保持器输出跟踪一个跳变 10V 的输入模拟电压时，从采样开始到输出电压与输入电压相差 0.01% 所需要的时间定义为采集时间。

（2）直流偏移。

直流偏移指采样保持器输入端接地时，输出端电压的大小。直流偏移值一般为毫伏级。可借助外部元件调整到零。直流偏移是时间和温度的函数。

（3）转换速率。

转换速率指输出电压变化的最大速率，以 V/s 为单位。

（4）孔径时间。

在采样保持电路中，逻辑控制开关有一定的动作时间。在保持命令发出后直到开关完全断开所需要的时间称为孔径时间。即进入保持控制后，实际的保持点会滞后真正要求保持的点一段时间，一般是毫微秒级。这个时间由晶体管开关的动作时间决定。

（5）下跌率（衰减率）。

在进入保持阶段后，输出不会绝对不变而是会有一个下跌。下跌率即指在保持阶段电容的放电速度，以 V/s 为单位，这是开关的漏电流及保持电容的其他泄漏通路造成的。一般保持电容的选择应折中地考虑采集时间和下跌率。

习　　题

8.1　A/D 转换器和 D/A 转换器在微型计算机控制系统中有什么作用？

8.2　采样保持器有什么作用？何时应采用采样保持器，为什么？

8.3　设某 A/D 转换器的输入电压范围为 0～+5V，输出 8 位二进制数字量，求输入模拟量为下列值时输出的数字量。

（1）1.25V；（2）1.5V；（3）2.5V；（4）3.75V；（5）4.5V；（6）5V。

8.4　利用 DAC0832 设计一个梯形波发生器，要求设计接口电路并编制程序。

8.5　设被测温度变化范围为 30～1000℃，如要求测量误差为 ±1℃，应选多少位的 A/D 转换器？

8.6　简述 A/D 转换的基本过程。

8.7　如何实现 DAC0832 的双极性输出？说明其工作原理及电路连接。

8.8　为什么 DAC0832 特别适用于多个模拟量同时输出的场合？其工作过程如何？

8.9　将 5V 基准电压加到 DAC0832 上，当输入数据为 A5H 时，求转换输出电压值。

8.10　在一个微型计算机系统中，从 4000H 开始的存储器单元，存放 100 个 8 位数据，将这些数据通过 DAC0832 输出变成模拟量电压，要求：画出接口电路，写出控制程序。

8.11　简述采样定理。

8.12　介绍一种常用的转换技术。

8.13　试根据 A/D 转换器的工作原理，用 8 位 D/A 转换器来实现 8 位 A/D 转换。

8.14　一个微型计算机系统使用 ADC0809 监测 0～100℃范围的温度，温度传感器把 0～100℃转换为 0～5V 电压。要求以查询方式采集 400 个温度值，存入 ADBUF 开始的存储单元，试设计硬件接口电路，并编写采集程序。

8.15　查阅资料了解双积分式 A/D 转换原理，并与逐次逼近式 A/D 转换方法比较，说明它们的优缺点。

8.16　采用 8255A、ADC0809、DAC0832、8253 和 8088 CPU 构成一个数据采集控制系统，要求：画出接口电路图，确定各芯片端口地址，说明系统工作原理。

第9章 人机交互接口

人机交互接口是用户与计算机进行交流的接口，用户通过这个接口将信息输入计算机，计算机通过这个接口将处理后的信息输出给用户。使用人机交互接口的设备主要有键盘、鼠标器、扫描仪、平板显示器、LED 七段显示器、打印机、绘图机、音视频设备等。

9.1 键 盘 接 口

9.1.1 概述

1. 键盘分类

键盘是微型计算机系统上最基本的标准输入设备。按编码提供方式，常用的键盘有两种基本类型，即编码键盘和非编码键盘。

编码键盘能够自动提供与被按键对应的 ASCII 码或其他编码。编码键盘的缺点是硬件设备随着键数的增加而增加。

非编码键盘仅仅简单地提供被按键行和列的矩阵，其他工作都靠程序实现，这样，非编码键盘就为系统软件在定义键盘的某些操作上提供了更大的灵活性。非编码键盘具有价格便宜、配置灵活的特点。

非编码键盘是实现键盘输入方式最基本的部件。在非编码键盘中，为了检测哪个键被按下，必须解决如下问题：

（1）清除键接触时产生的抖动干扰。

（2）防止键盘操作的重键错误。

（3）键盘的结构及被按键的识别。

（4）产生被按键相应的编码。

根据按键的连接方式，键盘可以分为线性键盘和矩阵键盘两类。

线性键盘采用独立式按键，是最简单的键盘结构，它是指直接用 I/O 口线构成的单个按键电路。

为了减少键盘接口所占用 I/O 口线的数目，在按键数较多时，通常都将按键排列成矩阵形式，构成矩阵键盘。

键盘的按键有机械式、电容式、薄膜式等多种不同的实现方式，但就它们的作用而言，都是一个使电路"通"或"断"的开关。在对按键进行键盘输入时，一般存在两个问题，即在临界状态转换时的不稳定与同时按下一个以上键的问题，也就是所谓的"抖动"与"重键"的问题。

2. 抖动

抖动是开关本身的一个最普遍的问题，它的产生是因为开关信号需要短暂抖动或弹跳几下后才能达到可靠稳定状态。抖动也存在于开关断开时，其情形与开关闭合时相同。抖动产生的尖脉冲情况如图 9.1.1 所示。

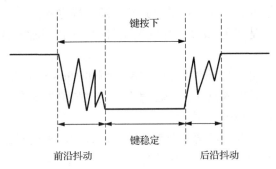

图 9.1.1　按键抖动波形

根据所用键的质量不同，键的抖动时间可为 10～20ms。键的抖动会使一次按键被读入多次。解决键的抖动可以使用硬件滤波方法或软件延迟方法。硬件滤波是对每一个键加上 RC 滤波电路，或加上 RS 去抖电路。这种方法通常在键数少的情况下使用。而键数较多时，则经常采用软件去抖动技术，这种方法就是采用一个产生 20ms 左右延迟的子程序，等待键的输出达到完全稳定后才去读取代码。

3. 重键

重键是指两个或两个以上的键同时按下，或者一个键按下后还未弹开，另一个键又按下的情况。由于操作上的原因，在键盘上同时按下一个以上的键是可能的（组合键除外）。检测出这种现象并防止产生错误编码是很重要的。解决这个问题的三种主要技术是：两键同时按下保护技术、n 键同时按下保护技术和 n 键连锁技术。

第一种保护技术为同时按下两键的场合提供保护。最简单的处理方法是当只有一个键按下时才读取键盘的输出，并且认为最后仍被按下的键是有效的正确按键。这种方法常用于软件扫描键盘场合。当采用硬件技术时，往往采用锁定的方法。锁定保护方法的原理是，当第一个键未松开时，按第二个键不起作用。这可以通过锁定内部延迟机构来实现，锁定的时间和第一键闭合时间相同。

n 键同时按下的保护技术有两种处理方法：一种是不理会所有被按下的键，直至只剩下一个键按下时为止；另一种是将所有按键的信息存入内部键盘输入缓冲器，逐个处理。

对于 n 键连锁（锁定）技术，当一键被按下时，在此键未完全释放之前，其他的键虽然可被按下或松开，但并不产生任何代码，这种方法实现起来比较简单，因而比较常用。

4. 键盘工作方式

在微型计算机应用系统中，键盘扫描只是工作的内容之一。那么 CPU 在忙于各项工作任务时，如何兼顾键盘扫描，以保证既能及时响应键盘操作，又不过多占用 CPU 时间，这就要根据应用系统中 CPU 的忙、闲情况，选择好键盘的工作方式。键盘的工作方式有三种，即程序控制扫描方式、定时扫描方式和中断扫描方式。

程序控制扫描方式是利用 CPU 工作的空余时间，调用键盘扫描子程序，响应键盘的输入请求。

定时扫描方式是利用定时器产生定时中断（例如 10ms），CPU 响应中断后对键盘进行扫描，并在有键按下时转入键功能处理程序。定时扫描方式在本质上是中断方式，但不是实时响应，而是定时响应。

当应用系统工作时，并不经常需要键的输入，因此，无论键盘是工作于程序控制方式还是定时方式，CPU 都经常处于空扫描状态。为了进一步提高 CPU 效率，可以采用中断扫描方式，当键盘上有键闭合时便产生中断请求，CPU 响应中断，执行中断服务程序，对闭合键进行识别，并做相应的处理。

9.1.2 线性键盘

线性键盘采用独立式按键，每一按键各自接通一条输入 I/O 口线，每根 I/O 口线上按键的工作状态不会影响其他 I/O 口线的工作状态。图 9.1.2 为一个线性键盘的按键电路示例。通常按键输入都采用低电平有效，上拉电阻保证了按键断开时，I/O 口线有确定的高电平。当 I/O 口内部有上拉电阻时，外电路可以不配置上拉电阻。

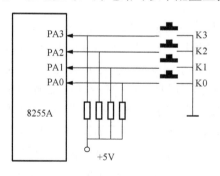

图 9.1.2　线性键盘的按键电路示例

线性键盘电路配置灵活，软件结构简单。但每个按键必须占用一根 I/O 口线，在按键数量较多时，I/O 口线浪费较大。故在按键数量不多时，常采用这种按键电路，并结合软件识别按键。

以图 9.1.2 的电路连接为例，设 8255A 的 A 口、B 口、C 口、控制端口的端口地址分别是 60H、61H、62H、63H；采用软件消抖技术（只考虑前沿消抖），编程实现对按键 K3～K0 的识别。假设按键 K3～K0 的对应编码为 3～0，识别按键后，将对应的编码存到 AH 寄存器中。有 D20ms 延时子程序可以调用。

键盘输入程序如下：

```
CODE    SEGMENT
        ASSUME  CS:CODE
KEY     PROC    FAR
START: PUSH DS
        MOV     AX,0
        PUSH    AX
        MOV     AL,90H
        OUT     63H,AL          ;设置 8255 的 A 口为方式 0，输入
X1:     IN      AL,60H          ;输入 A 口键盘状态
        AND     AL,0FH          ;析取 K3～K0 信号线
        CMP     AL,0FH
        JZ      X1              ;没有键按下，继续查询
        CALL    D20ms           ;有键按下，延时消抖
        IN      AL,60H          ;输入 A 口键盘状态
        AND     AL,0FH          ;析取 K3～K0 信号线
        CMP     AL,0FH
        JZ      X1              ;此时，说明延时消抖前的按键判断是源于干扰，
                                ;或者，延时消抖时间不足，重新查询
        CMP     AL,00001110B
        JNZ     X2              ;不是单键 K0 按下，转
        MOV     AH,0            ;设置 K0 的编码
        JMP     XEND
X2:     CMP     AL,00001101B
        JNZ     X3              ;不是单键 K1 按下，转
        MOV     AH,1
        JMP     XEND
X3:     CMP     AL,00001011B
        JNZ     X4              ;不是单键 K2 按下，转
        MOV     AH,2
        JMP     XEND
X4:     CMP     AL,00000111B
        JNZ     X5              ;不是单键 K3 按下，转
        MOV     AH,3
        JMP     XEND
X5:     MOV     AH,0FFH         ;此时说明有多个按键同时按下，
                                ;用 0FFH 表示这种状态
XEND:   NOP                     ;在此处可加入其他处理需要的程序
        RET
KEY     ENDP
CODE    ENDS
        END     START
```

9.1.3 矩阵键盘

为了减少键盘接口所占用 I/O 口线的数目，在按键数较多时，通常都将按键排列成矩阵形式。矩阵式键盘又叫行列式键盘，用 I/O 口线组成行列结构。按键设置在行列的交点上。例如 2×2 的行列结构可构成 4 个键的键盘，4×4 的行列结构可构成 16 个键的键盘。利用这种矩阵结构只需 $N+M$ 条 I/O 口线，即可连接 $N×M$ 个按键。

在这种矩阵键盘结构中，对按键的识别是对键盘扫描后，通过软件来完成的。键盘扫描方式一般有两种，一种是传统的行扫描法，另一种是速度较快的线反转法。

1. 行扫描法

行扫描法是步进扫描方式，每次向键盘的某一行发出扫描信号，同时通过检查列线的状态确定闭合键的位置。

图 9.1.3 是一个 4×4 键盘行扫描法的例子，键盘共有 16 个键。假设其中第 2 行第 2 列的 A 键(2,2)闭合，其余断开。行扫描的过程是这样的：微处理器先输出 0000 到键盘的 4 根行线。由于 A 键闭合，因而由键盘列线输入的代码是 1011，有为 0 的位，此时微处理器得知有键闭合，且闭合键在第 2 列上，但不知道在第 2 列的哪一行。为此需进行逐行扫描寻找，微处理器先发出 1110 以扫描 0 行，此时列输入为 1111，表示被按键不在第 0 行；第二次输出 1101，扫描第 1 行，列输入仍为 1111，表示被按键不在第 1 行；第三次输出 1011，列输入为 1011，表示被按键在第 2 行第 2 列上。这样微处理器得到一个输出代码 1011 和一个输入代码 1011，它可以确定按键所在的位置，因而称之为键的位置码（键值）。通常位置码不同于键的读数（即键号，比如图 9.1.3 中的 0～F），因而必须用软件进行转换，这可借助于查表或其他方法完成。

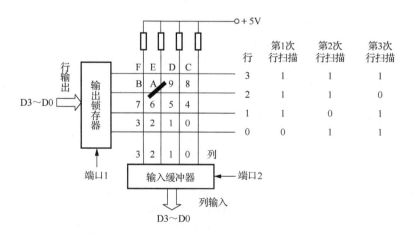

图 9.1.3　行扫描法示例

以图 9.1.3 的电路连接为例，假设行输出端口 1 的地址为 200H，列输入端口 2 的地址为 201H，采用软件消抖技术（只考虑前沿消抖），编程实现对 0 键～F 键的识别，识别按键后，将按键的键号（即 0～F）存到 AH 寄存器中，若为重键，则将 0FFH 存到 AH 寄存器中。有 D20ms 延时子程序可以调用。

本例中，键的位置码是由行号和列号组合而成的 1 字节数据，4 位行号占据键位置码的高 4 位，4 位列号占据键位置码的低 4 位。比如，B 键的行号为 1011，列号为 0111，则 B 键的位置码为 10110111。

键盘输入程序如下：

```
DATA    SEGMENT
; 以下为位置码表，表中数据的序号为对应位置码键的键号。
TABLE   DB      11101110B       ; 第 0 行第 0 列，0 键的位置码
        DB      11101101B       ; 第 0 行第 1 列，1 键的位置码
        DB      11101011B       ; 第 0 行第 2 列，2 键的位置码
        DB      11100111B       ; 第 0 行第 3 列，3 键的位置码
        DB      11011110B       ; 第 1 行第 0 列，4 键的位置码
        DB      11011101B       ; 第 1 行第 1 列，5 键的位置码
        DB      11011011B       ; 第 1 行第 2 列，6 键的位置码
        DB      11010111B       ; 第 1 行第 3 列，7 键的位置码
        DB      10111110B       ; 第 2 行第 0 列，8 键的位置码
        DB      10111101B       ; 第 2 行第 1 列，9 键的位置码
        DB      10111011B       ; 第 2 行第 2 列，A 键的位置码
        DB      10110111B       ; 第 2 行第 3 列，B 键的位置码
        DB      01111110B       ; 第 3 行第 0 列，C 键的位置码
        DB      01111101B       ; 第 3 行第 1 列，D 键的位置码
        DB      01111011B       ; 第 3 行第 2 列，E 键的位置码
        DB      01110111B       ; 第 3 行第 3 列，F 键的位置码
DATA    ENDS
CODE    SEGMENT
        ASSUME  CS:CODE, DS:DATA
KEY     PROC    FAR
START:  PUSH    DS
        MOV     AX,0
        PUSH    AX
        MOV     AX,DATA
        MOV     DS,AX
X1:     MOV     DX,200H         ; 设置行输出端口地址
        MOV     AL,00H
        OUT     DX,AL           ; 行输出 0000，准备检查是否有任何键按下
        INC     DX              ; 设置列输入端口地址 201H
        IN      AL,DX           ; 输入列线状态
        AND     AL,0FH          ; 析取 D3～D0 列信号线
        CMP     AL,0FH
```

	JZ	X1	; 没有任何键按下，继续查询
	CALL	D20ms	; 有键按下，延时消抖
	MOV	DX,200H	; 设置行输出端口地址
	MOV	AL,00H	
	OUT	DX,AL	; 行输出 0000，消抖后确定是否有任何键按下
	INC	DX	; 设置列输入端口地址 201H
	IN	AL,DX	; 输入列线状态
	AND	AL,0FH	; 析取 D3～D0 列信号线
	CMP	AL,0FH	
	JZ	X1	; 此时，说明延时消抖前的按键判断是源于干扰，
			; 或者，延时消抖时间不足，重新查询
	MOV	AH,11111110B	; 设置行扫描初值，首先扫描第 0 行
	MOV	CX,4	; 设置扫描行数计数值，共 4 行
X2:	MOV	DX,200H	; 设置行输出端口地址
	MOV	AL,AH	; 传递行扫描值
	OUT	DX,AL	; 行扫描值输出，准备检查键按在哪一列
	INC	DX	; 设置列输入端口地址 201H
	IN	AL,DX	; 输入列线状态
	AND	AL,0FH	; 析取 D3～D0 列信号线
	CMP	AL,0FH	
	JNZ	X3	; 找到按键所在列号，转，列号保存在 AL 中
	ROL	AH,1	; AH 循环左移一位，准备扫描下一行
	LOOP	X2	; 4 行未全部扫描完，转
	MOV	AH,80H	; 4 行全部扫描完，却未发现有键按下（可能出现
			; 了干扰），以 80H 作为这种情况的标志。
			; 该指令的设置，主要考虑到程序的完备性，
			; 即可以使程序在任何情况下都能正确执行。
	JMP	XEND	
X3:	MOV	CL,4	
	SHL	AH,CL	; AH 逻辑左移 4 位，将低 4 位的行号移到高 4 位
	OR	AL,AH	; 行号与列号相 "或"，形成键的位置码
	LEA	BX,TABLE	; 设置 TABLE 位置码表的指针
	MOV	CL,0	; 设置键号初值为 0
X4:	CMP	AL,[BX]	; 在 TABLE 表中查找本次形成的键位置码
	JZ	X5	; 找到键位置码，转 X5，对应的键号就在 CL 中
	INC	CL	; 未找到，键号加 1
	INC	BX	; 指向下一个存储单元保存的键位置码
	CMP	CL,10H	; 键号等于 10H 吗？
	JNZ	X4	; 不等，继续查找
	MOV	AH,0FFH	; CL 等于 10H，说明在 TABLE 表中没有找到
			; 对应的键位置码，其原因可能是出现了重键

```
                                    ; 的情况，以 0FFH 作为这种情况的标志。
        JMP     XEND
X5:     MOV     AH,CL               ; 将 CL 中保存的键号传到 AH 中
XEND:   NOP                         ; 在此处可加入其他需要处理的程序
        RET
KEY     ENDP
CODE    ENDS
        END     START
```

计算机系统工作时，并不经常需要键输入，因此，在查询方式的行扫描法中，CPU经常处于空扫描状态。为了进一步提高 CPU 效率，可以采用图 9.1.4 所示的中断行扫描法工作方式。

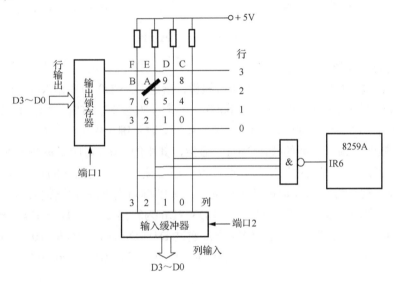

图 9.1.4　中断行扫描法示例

该电路的工作原理是：列线通过上拉电阻接+5V 时，被钳位在高电平状态。行输出锁存器给所有行线置成低电平。列线电平状态经"与非门"送入 8259A 的中断申请端 IR6。如果没有任何键按下，所有列线电平均为高电平，则"与非门"输出为低电平。如果有键按下，总会有一根列线为低电平，"与非门"输出由低电平变高电平，即发出中断请求。

若 CPU 开放外部中断，则响应中断请求，进入中断服务程序。在中断服务程序中除完成键识别、键功能处理外，还须有消除键抖动影响、重键处理等措施。

2. 线反转法

行扫描法要逐行扫描查询，当所按下的键在最后行，则要经过多次扫描才能获得键值。而采用线反转法，只要经过两个步骤即可获得键值。这种方法需要利用一个可编程的输入输出接口，例如 Intel 8255A。一个说明线反转法基本原理的示例如图 9.1.5 所示。

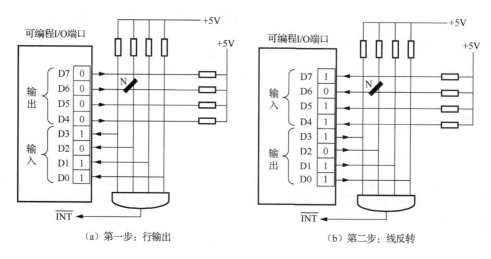

（a）第一步：行输出   （b）第二步：线反转

图 9.1.5　线反转法示例

识别键的过程分两步进行。

第一步，输出行信号。首先将 I/O 口编程，指定 D3～D0 为列输入线，D7～D4 为行输出线，并使行输出信号 D7～D4 为 0000。若键 N 被按下，这时，"与门"的一个输入端变为低电平，结果使 INT=0，向 CPU 请求中断，表示键盘中已有键被按下。与此同时，D3～D0 的锁存器锁存了列的代码 1011。显然，其中的"0"对应着被按键 N 的列位置。但只有列位置还不能识别被按键的确切位置，还必须进一步找出它的行位置。

第二步，线反转。为确定按键的行位置，可以将列代码进行反转传送，通过编程使 I/O 口的输入和输出线完全反转过来，即 D3～D0 为输出线，而 D7～D4 为输入线。由图 9.1.5 可以看到，此时列代码的锁存器将通过 D3～D0 输出列代码 1011。反转传送的结果使 D7～D4 得到的输入为 1011，并锁存入相应的寄存器中。D6 的"0"就指明了被按键 N 的行位置。

至此，I/O 口 8 位数据寄存器的内容 D7～D0=10111011，既包含被按键的"行"位置，也包含被按键的"列"位置，形成了 N 键的位置码，被按键 N 就被完全识别出来了。

线反转法的优点是只需一个非常简单的程序，并且不需要逐行扫描，因而速度比较快。缺点是需要一个专用的可编程 I/O 端口作为键盘管理。

9.2　LED 显示器接口

9.2.1　LED 显示器组成与显示方式

LED 显示器通常由若干个 LED 七段显示器组成，有静态显示与动态显示两种方式。

1. LED 七段显示器结构

LED 七段显示器是用发光二极管显示字形的显示器件。在应用系统中通常使用的是七段显示器。七段显示器由七段组成，每一段是一个发光二极管，排成一个"日"字形。通过控制某几个发光二极管的导通发光而显示出某一字形，如数字 0～9，字符 A、B、C、D、E、F 等。

通常的 LED 七段显示器有八个发光二极管，故也有人叫作八段显示器，如图 9.2.1 所示。其中七个发光二极管构成字形"8"，一个发光二极管构成小数点。这八个二极管有两种基本接法：一种是共阴极 LED 显示器，就是把所有二极管的阴极接在一起，由每个二极管的阳极控制亮灭；另一种是共阳极 LED 显示器，就是把所有二极管的阳极接在一起，由每个二极管的阴极控制亮灭。

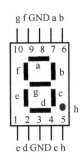

图 9.2.1　LED 七段显示器管脚配置

当用一个 7 位二进制数的每个位控制一个 LED 二极管，能使其显示某个字形，则把这个数称为这个字形的段选码、七段码或字形码，往往用一个字节数表示。

表 9.2.1 给出了一个共阴极 LED 七段显示器的字形和段选码的对应关系。当然，如果要显示其他的符号，也可以排出相应的段选码。另外，如果用共阳极接法，则段选码是该表数据的取反。

表 9.2.1　共阴极 LED 七段显示器的字形与段选码的对应关系

字形	h D7	g D6	f D5	e D4	d D3	c D2	b D1	a D0	段码（H）
0	0	0	1	1	1	1	1	1	3F
1	0	0	0	0	0	1	1	0	06
2	0	1	0	1	1	0	1	1	5B
3	0	1	0	0	1	1	1	1	4F
4	0	1	1	0	0	1	1	0	66
5	0	1	1	0	1	1	0	1	6D
6	0	1	1	1	1	1	0	1	7D
7	0	0	0	0	0	1	1	1	07
8	0	1	1	1	1	1	1	1	7F
9	0	1	1	0	1	1	1	1	6F

续表

字形	h g f e d c b a D7 D6 D5 D4 D3 D2 D1 D0	段码（H）
A	0 1 1 1 0 1 1 1	77
B	0 1 1 1 1 1 0 0	7C
C	0 0 1 1 1 0 0 1	39
D	0 1 0 1 1 1 1 0	5E
E	0 1 1 1 1 0 0 1	79
F	0 1 1 1 0 0 0 1	71
P	0 1 1 1 0 0 1 1	73
不显示	0 0 0 0 0 0 0 0	00

2. LED 显示器静态显示方式

所谓静态显示，就是当显示某一个字符时，相应的发光二极管恒定地导通或截止。LED 显示器在静态显示方式下，各显示位的位选线即共阴极点（或共阳极点）连接在一起接地（或接＋5V），各显示位的段选线（a～h）与一个 8 位并行口相连。

静态显示方式电路每一显示位可独立显示，只要在该位的段选线上保持段选码电平，该位就能保持相应的显示字符。由于每一显示位都由一个相应的 8 位输出口锁存段选码，故在同一时刻不同的显示位可以显示不同的字符。

图 9.2.2 是一个可以显示 3 个字符的静态显示器示例。

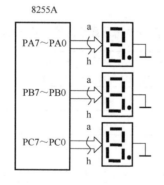

图 9.2.2 3 位静态 LED 显示器

3. LED 显示器动态显示方式

在多位 LED 显示时，为了简化电路，可采用动态显示方式。所谓动态显示，就是一位一位地轮流点亮各位显示器（扫描）。对于某一位显示器来说，每隔一段时间点亮一次。显示器的亮度既与导通电流有关，也与点亮时间和间隔时间的比例有关。调整电流和时间参数，可实现亮度较高较稳定的显示。动态显示电路中将所有显示位的段选码线并联在一起，由一个 8 位 I/O 口控制，而位选线（共阴极点或共阳极点）分别由相应的 I/O 口线控制。

如 8 位 LED 动态显示电路只需要两个 8 位 I/O 口，其中一个锁存段选码，另一个控制位选，在某个时刻只能有一个位选位有效（一个 LED 显示器显示字符）。在显示 8 个字符时，分时进行选通一个字符（本字符的位选有效），同时送出这个字符的段选码，显示一个时间段后关闭这字符的选通位；选通下一个字符，同时送出这个字符的段选码，显示一个时间段后关闭这字符的选通位；依次轮巡。

虽然从控制逻辑上每个位都是一会儿亮一会儿灭，但由于视觉滞留效应，观看的人会觉得这些字符一直都是在显示的。图 9.2.3 是一个可以显示 3 个字符的动态 LED 显示器示例。

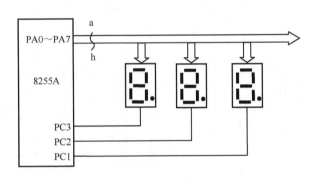

图 9.2.3　通过 8255A 控制的 3 位动态 LED 显示器

4. 段选码译码方式

从 LED 显示器的显示原理可知，为了显示字符，必须把这个字符最终转换成相应的段选码。这种转换可以通过硬件译码器来进行，也可以用软件进行译码。

硬件译码器是一个能够把字符码转换为段选码的逻辑器件，如芯片 MC14495 就是一个能把 4 位二进制表示的 1 位十六进制数字转换为对应的段选码的芯片。使用硬件译码这种方式的特点是软件简单、成本高。

软件译码器由软件完成要显示的字符码到段选码的转换。软件译码的译码逻辑可随意编程设定，不受硬件译码逻辑限制。采用软件译码还能简化硬件电路结构，因此，在微型计算机应用系统中，使用最广泛的还是软件译码的显示接口。

采用软件译码方法一般有两种译码表格设置方案。

（1）顺序表格排列法，即按一定的顺序排列显示段码。通常显示的字形数据就是该段码在段码表中相对表头的偏移地址。

（2）数据结构法，即按字形和段的关系，自行设计一组数据结构。该方法设计灵活，但程序运行速度较慢。

9.2.2 LED 显示器接口应用示例

例 9.2.1 软件译码静态显示 LED 七段显示器接口示例。

一个微型计算机系统中，微处理器通过 8255A 与按键开关、LED 七段显示器等外设相连接，电路原理如图 9.2.4 所示。编写程序，采用软件译码、静态显示方式，实现将 K3～K0 组成的 1 位十六进制数实时地在 LED 七段显示器上显示。

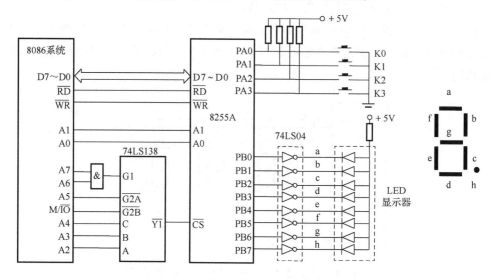

图 9.2.4　8255A 与按键、七段显示器连接电路原理图

由图 9.2.4 可知，8255A 的端口 A、端口 B、端口 C、控制端口的地址分别为 C4H、C5H、C6H、C7H。8255A 工作在方式 0，端口 A 输入，端口 B 输出，能够正常工作的控制字为 10010000B（90H）。电路中的 LED 七段显示器采用共阳极显示器，静态工作方式。在 LED 七段显示器段码驱动时，采用了反向驱动，所以要注意正确配置段码表。电路连接了 4 个按键开关 K3～K0。4 个按键开关 K3～K0 组成了 4 位二进制数值（K3 对应高位，K0 对应低位），并对应 1 位十六进制数。

控制程序如下：

```
START: MOV    AL,90H              ；设置方式控制字，口 A 输入，口 B 输出
       OUT    0C7H,AL
X1:    IN     AL,0C4H             ；输入按键状态
       AND    AL,0FH              ；屏蔽不用的高 4 位
       MOV    BX,OFFSET LEDTAB    ；设置段码表指针
       XLAT                       ；读取段码
       OUT    0C5H,AL             ；输出段码到端口 B
       MOV    AX,200H             ；延时
X2:    DEC    AX
       JNZ    X2
```

```
        JMP     X1
        HLT
LEDTAB  DB      3FH                    ; 0 的段码，设置段码表
        DB      06H                    ; 1 的段码
        DB      5BH                    ; 2 的段码
        DB      4FH                    ; 3 的段码
        DB      66H                    ; 4 的段码
        DB      6DH                    ; 5 的段码
        DB      7DH                    ; 6 的段码
        DB      07H                    ; 7 的段码
        DB      7FH                    ; 8 的段码
        DB      6FH                    ; 9 的段码
        DB      77H                    ; A 的段码
        DB      7CH                    ; B 的段码
        DB      39H                    ; C 的段码
        DB      5EH                    ; D 的段码
        DB      79H                    ; E 的段码
        DB      71H                    ; F 的段码
```

例 9.2.2　软件译码动态显示 LED 七段显示器接口示例。

图 9.2.5 为 8 位 LED 七段显示器接口电路。该电路采用共阳极 LED 显示器，为了减少所用器件的数量，这个电路采用动态扫描显示方式。现选用 8255A 作为 8 位七段显示器和微处理器的接口芯片，端口 A 和 B 都用作方式 0 的输出端口，端口 A 的输出提供显示位反相驱动器的选择信号，端口 B 的输出提供段驱动器的七段代码（段码）信息。电路连接设定 8255A 端口 A、端口 B、端口 C、控制端口的地址分别为 60H、61H、62H 和 63H。

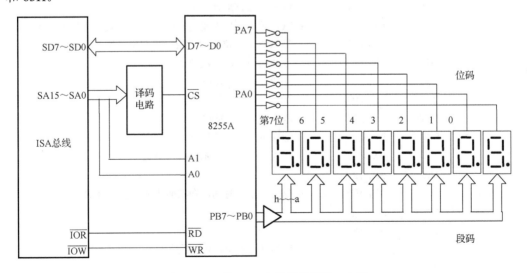

图 9.2.5　8 位 LED 七段显示器接口电路

下面是 8 个显示器重复显示（50 次）8 位十六进制数 13579BDF 的源程序。

```
DATA    SEGMENT
TABLE: DB      0COH          ; 0 的段码，开始设置段码表
       DB      0F9H          ; 1 的段码
       DB      0A4H          ; 2 的段码
       DB      0BOH          ; 3 的段码
       DB      99H           ; 4 的段码
       DB      92H           ; 5 的段码
       DB      82H           ; 6 的段码
       DB      0F8H          ; 7 的段码
       DB      80H           ; 8 的段码
       DB      98H           ; 9 的段码
       DB      88H           ; A 的段码
       DB      83H           ; B 的段码
       DB      0C6H          ; C 的段码
       DB      0A1H          ; D 的段码
       DB      86H           ; E 的段码
       DB      8EH           ; F 的段码
DATA    ENDS
CODE    SEGMENT
        ASSUME  CS:CODE, DS:DATA
START: MOV      AX,DATA
       MOV      DS,AX
       MOV      AL,80H
       MOV      63H,AL        ; 送各数据端口方式 0 的输出控制字
       MOV      DL,50         ; 设置重复次数，显示 50 次
       LEA      SI,TABLE      ; 取段码表首地址
       MOV      BX,1          ; 欲显示的字形设置为数字"1"，是最左位显示的数
       MOV      AH,7FH        ; 显示位 7 的位选码，指向最左位（第 7 显示位）
X1:    MOV      AL,[BX+SI]    ; 取数的段码，首次取 1
       OUT      61H,AL        ; 送段选码，B 端口
       MOV      AL,AH
       OUT      60H,AL        ; 送位选码，A 端口
       ROR      AH,1          ; 形成下一个位选码
       ADD      BX,2          ; 形成下一个要显示的数（奇数）
       AND      BX,0FH
       MOV      CX,30H        ; 延迟一定的时间，在实际中应调整该参数
X2:    LOOP     X2
       CMP      AH,7FH
       JNZ      X1            ; 判第 7～0 显示位是否结束
       DEC      DL
       JNZ      X1            ; 判重复显示 50 次是否结束
```

```
            MOV     AH,4CH
            INT     21H
    CODE    ENDS
            END     START
```

9.3　视　频　系　统

视频系统是计算机系统的重要组成部分，包括显示器和显示适配器（通常被称为显示控制卡、显示卡、显卡）。显示器的种类很多，按使用的显示器件不同，主要分为两大类：一类是阴极射线管（cathode ray tube，CRT）显示器；另一类是平板显示器，主要包括发光二极管显示器、液晶显示器（liquid crystal display，LCD）和等离子体显示器等。液晶显示器是目前使用最普遍的计算机视频显示器。

9.3.1　液晶显示器

1. 液晶显示的基本原理

液晶显示器从结构上说，属于平板显示器件。

液晶显示器的基本原理是：在电场作用下，液晶分子从特定的初始排列状态转变为其他分子排列状态，随着分子排列的变化，液晶的光学特性发生变化，从而产生视觉的变化。

从液晶相的物理条件角度，液晶可以分为热致液晶和溶致液晶两大类。目前用于显示的液晶材料基本上都是热致液晶。热致液晶是当液晶物质加热时，在某一温度范围内呈现出各向异性的液体。用于显示的都是可工作在室温的热致液晶。

2. 液晶显示的驱动

液晶显示的驱动就是调整施加在液晶显示器件电极上电位信号的相位、峰值、频率等，建立驱动电场。液晶显示的驱动方式有许多种，常用的驱动方法有静态驱动法和动态驱动法。

静态驱动法是最基本的方法。它适用于笔段型液晶显示器件的驱动。当多位数字组合时，各位的背电极连接在一起。振荡器的脉冲信号经分频后直接施加在液晶显示器件的背电极上。段电极的脉冲信号由显示选择信号与时序脉冲通过逻辑异或合成产生。当某位显示像素被显示选择时，该显示像素上两电极的脉冲电压相位相差 180°，在显示像素上产生 2V 的电压脉冲序列，使该显示像素呈现显示特性。当某位显示像素为非显示选择时，该显示像素上两电极的脉冲电压相位相同，在显示像素上合成电压脉冲为 0V，从而实现不显示的效果。为提高显示的对比度，可适当地调整脉冲的电压。

动态驱动法在驱动方式上采用类似于 CRT 的光栅扫描方法。当液晶显示器上显示像素众多时，如点阵型液晶显示器，为了简化硬件驱动电路，在液晶显示器电极的制作与排列上做了加工，采用了矩阵型的结构，即把水平一组显示像素的背电极都连在一起引出，称之为行电极，把纵向一组显示像素的段电极都连接起来一起引出，称之为列电极。液晶显示器上的每一个显示像素都由其所在的列与行的位置唯一确定。液晶显示的动态驱动法循环地给行电极施加选择脉冲，同时按所显示的数据，在列电极上给出相应的选择或非选择的驱动脉冲，从而实现某行所有显示像素的显示功能。这种行扫描是逐行顺序进行的，循环周期很短，使得液晶显示屏上呈现出稳定的图像。

3. 液晶显示器的主要性能指标

液晶显示器主要性能指标包括像素和点距、分辨率、显示器的尺寸、扫描方式、像素的颜色范围、刷新频率、视频带宽等。

像素是构成图像的最小单位或构成图像的点。点距是显示屏上像素之间的最小距离。这个距离不能用软件来更改。可以通过点距直接计算显示器的最大分辨率（用显示区域的宽和高分别除以点距，即得到显示器在水平和垂直方向最高可以显示的点数）。点距越小，像素密度越大，显示出来的图像越细腻、越清晰。

分辨率是指整屏可显示的像素的多少。最大分辨率与屏幕尺寸和点距密切相关。在相同分辨率下，点距越小，图像就越清晰。分辨率通常以"屏幕上水平方向显示的点数乘垂直方向的点数"形式表示。可见，所谓分辨率就是指画面的解析度，也就是画面由多少像素构成，像素数越多，其分辨率就越高。

液晶显示器的尺寸是指液晶面板的对角线尺寸，以 in（1in=2.54cm）为单位，可视面积较大。

对于 CRT 显示器，扫描方式分为"逐行扫描"和"隔行扫描"两种。隔行扫描是每隔一行显示一行，到底后再返回显示刚才未显示的行，而逐行扫描是顺序显示每一行。逐行扫描比隔行扫描拥有更稳定的显示效果。液晶显示器为了兼容 CRT 显示器信号源，也采用扫描方式。但这种扫描方式与 CRT 不同，并没有扫描线存在。

像素的颜色范围说明显示色彩的能力。一个像素可显示出多少种颜色，由表示这个像素的二进制位数决定（又称像素的位宽），如果每个像素使用 8 位二进制数（1 字节）来表示它的颜色，则每个像素可有 256 色。

刷新频率就是屏幕刷新的速度。刷新频率越低，图像就闪烁和抖动得越厉害，眼睛就疲劳得越快。液晶显示器在 60Hz 的刷新频率时画面的显示就可以达到比较好的效果。

视频带宽是造成显示器性能差异的一个比较重要的因素。带宽决定着一台显示器可以处理的信息范围，就是指特定电子装置能处理的频率范围。增强高频处理能力可以使图像更清晰。所以，高带宽能处理的频率更高，图像也更好。每种分辨率都对应着一个最小可接受的带宽。

一般来说，可接受带宽的公式为

$$可接受带宽=水平像素×垂直像素×刷新频率×1.344$$

9.3.2　微型计算机系统显示器的编程

直接对硬件显示器接口编程需要完全了解具体硬件，不同的显示器之间有较大的差异。对于使用 Windows 等操作系统的通用微型计算机系统，可以直接调用 ROM BIOS 中的显示 I/O 功能程序或有关 DOS 功能对显示器编程。通过 DOS 功能调用（INT 21H）中显示相关的子功能（功能号 AH=01H、02H、09H、0AH 等），可方便地实现字符和字符串的输出和显示。对于常规图形显示方式，可通过调用 BIOS 功能实现。下面仅介绍采用 BIOS 功能调用的方法实现对显示器的编程。

BIOS 中具有驱动显示适配器功能的程序，它包括 16 个功能模块，只要给 AH 装入指定的模块号，再执行一条 INT 10H 指令，即可调用它的一个功能模块。

1. BIOS 设置显示方式

显示方式分为文本方式和图形方式，文本方式是缺省方式。在图形方式下，可通过读/写屏幕上各个像素点的映像，显示出图形。BIOS 提供了设置文本和图形显示方式的功能，程序只要给出调用参数，使用 BIOS INT 10H 即可建立某种显示方式。

利用 BIOS INT 10H 的功能 00 可为当前的执行程序初始化显示方式，或在文本方式和图形方式之间切换。

入口参数：AH=00H

　　　　　AL=显示方式号

例 9.3.1　设置 VGA 图形方式。

```
MOV    AH,00H
MOV    AL,12H
INT    10H
```

例 9.3.2　设置 VGA 文本方式。

```
MOV    AH,00H      ; 0 号功能为显示方式选择
MOV    AL,03H      ; 方式 3，彩色字符
INT    10H         ; 调用 BIOS
```

2. 设置光标位置

入口参数：AH=02H

　　　　　BH=光标新位置的页号（图形方式置 0）

　　　　　DH=光标新位置的字符行号

　　　　　DL=字符列号

例 9.3.3　在显示页 0 置光标(2,15)，即第 0 页第 15 行第 2 列字符处。

```
MOV    AH,2
MOV    BH,0          ; 0页
```

```
MOV    DL,2          ; 列号
MOV    DH,15         ; 行号
INT    10H           ; 调用 BIOS
```

3. 设置显示的页

利用 BIOS INT 10H 的功能 5H，可以很方便地设置实际显示的页，因显示存储器 VRAM 中可有几页显示的信息，但一次只能显示 1 页，本调用可选择显示哪一页。

入口参数：AH=05H

　　　　　AL=要显示的页号

页号数与显示方式及 VRAM 容量有关，如表 9.3.1 所示。

表 9.3.1　页号数与显示方式及 VRAM 容量对应表

显示方式	可用页号		
	64K 字节	128K 字节	256K 字节
0，1	0～7	0～7	0～7
2，3	0～3	0～7	0～7
4，5，6	0	0	0
7	0～3	0～7	0～7
0DH	0～1	0～3	0～7
0EH	0	0～1	0～3
0FH	0	0～1	0～1
10H	0	0	0～1
11H			0（仅 VGA）
12H			0（仅 VGA）
13H			0（仅 VGA）

4. 显示字符串

利用 BIOS INT 10H 的功能 13H，可以很方便地在屏幕上显示字符串，本功能调用将存储器内的字符串及属性显示到屏幕。

入口参数：AH=13H

　　　　　BH=显示的页号

　　　　　CX=字符计数（串的长度）

　　　　　DH=串开始的行号

　　　　　DL=串开始的列号

　　　　　ES:BP=字符串所在的段和偏移地址

　　　　　AL=方式

AL=0（BL 为所有字符的属性，光标不移动）

AL=1（BL 为所有字符的属性，光标移动）

AL=2（ASCII 码和属性的字符串，光标不移动）

AL=3（ASCII 码和属性的字符串，光标移动）

5. 读像素

在 EGA/VGA 图形方式下，利用 BIOS INT 10H 的功能 0DH，可以很方便地读入任意页的一个像素。调用时，程序员提供颜色、页号、行号和列号。

入口参数：AH=0DH

AL=颜色号（像素颜色，取决于显示方式）

BH=显示页号

CX=像素的列号（0～319 或 0～639）

DX=像素的行号（0～199 或 0～349，0～479）

返回参数：AL=颜色值

6. 写像素

在 EGA/VGA 图形方式下，利用 BIOS INT 10H 的功能 0CH，可以很方便地写一个像素点到 VRAM。调用时，程序员提供颜色、页号、行号和列号。

利用该功能，可以将一个像素点写到像素位置。在合适的显示方式下，还可以指定颜色。

入口参数：AH=0CH

AL=颜色号（像素颜色，取决于显示方式）

BH=显示页号

CX=像素的列号（0～319 或 0～639）

DX=像素的行号（0～199 或 0～349，0～479）

返回参数：无

例 9.3.4　用 BIOS 功能调用 INT 10H,AH=0H 功能来设置屏幕为 640×480 彩色图形方式（显示方式 AL=12H），并从屏幕第 10 行画 1 条由 16 种颜色像素点组成的线（用功能调用 0CH）。程序结束时，显示器仍在 12H 下。

程序如下：

```
DATA    SEGMENT
YS      DB        16          ; 颜色初始值为16
DATA    ENDS
CODE    SEGMENT
        ASSUME    CS:CODE,DS:DATA
MAIN    PROC
START:  MOV       AX,DATA
        MOV       DA,AX
```

```
          MOV     AH,0          ; 选择功能调用 0, 设置显示方式
          MOV     AL,12H        ; 设置显示方式 12H
          INT     10H
          MOV     CX,639        ; 共 640 列
LP1:      MOV     AH,0CH        ; 写像素点功能调用
          DEC     YS            ; 颜色号减 1
          MOV     AL,YS
          JNZ     SKIP1         ; 颜色号不为 0 转 SKIP1
          MOV     YS,16         ; 恢复 YS 变量为 16
SKIP1:    MOV     BH,0          ; 选择 0 页
          MOV     DX,10         ; 在第 10 行显示
          INT     10H
          LOOP    LP1           ; 列号减 1, 继续循环显示
          DEC     YS            ; 颜色号减 1
          MOV     AL,YS
          INT     10H
          MOV     AH,4CH
          INT     21H
MAIN      ENDP
CODE      ENDS
          END     START
```

例 9.3.5　下列程序将屏幕的第 10 行复制到第 20 行, 该程序应在显示器设置成高分辨率图形方式下运行。判断当前显示方式是否为高分辨率, 如果不是, 则转移到 BAD_MODE, 并显示 "The mode must be set high resolution"。

程序如下:

```
DATA      SEGMENT
MSG       DB      'The mode must be set high resolution'
N         EQU     $-MSG                  ; 显示字符个数
DATA      ENDS
CODE      SEGMENT
          ASSUME  CS:CODE, DS:DATA, ES:DATA
MAIN      PAR
START:    MOV     AX,DATA
          MOV     DA,AX
          MOV     AH,0           ; 选择功能调用 0, 设置显示方式
          MOV     AL,10H         ; 设置显示方式 10H
          INT     10H
          MOV     AH,0FH         ; 读显示方式
          INT     10H
          CMP     AL,0EH         ; 若小于 0EH 显示方式则转
```

```
             JL        BAD_MODE
             CMP       AL,13H              ; 若是 256 色的 13H 显示方式则转
             JZ        BAD_MODE
             MOV       CX,639              ; 开始列号
LP1:         MOV       AH,0DH              ; 读像素点功能调用
             MOV       BH,0                ; 0 页
             MOV       DX,10               ; 10 行
             INT       10H
             MOV       AH,0CH              ; 写像素点功能调用
             MOV       DX,20               ; 20 行
             INT       10H
             DEC       CX
             CMP       CX,0FFFFH
             JNZ       LP1
             MOV       AH,4CH
             INT       21H
BAD_MODE:    MOV       AX,DATA
             MOV       ES,AX
             MOV       AH,3                ; 读光标位置功能调用
             MOV       BH,0                ; 0 页
             INT       10H                 ; DX 中有光标位置
             MOV       DL,0                ; 选 0 列
             MOV       AX,1300H            ; 写字串
             MOV       BH,0                ; 0 页
             MOV       BL,3                ; 颜色号为 3
             LEA       BP,MSG              ; 字节的偏移地址
             MOV       CX,N                ; 字串长度
             INT       10H
             MOV       AH,4CH
             INT       21H
MAIN         ENDP
CODE         ENDS
             END       START
```

习　　题

9.1　判断键按下与否时有哪些问题？如何解决？

9.2　常用的非编码键盘结构形式有哪些？它们如何判别被按下的键？

9.3　什么是行扫描法和线反转法？

9.4 以行扫描方式为例，简述非编码键盘的工作过程。

9.5 简述键盘扫描的主要任务。

9.6 设有 14 个按键组成键盘阵列，识别这 14 个按键至少需要有（ ）根口线。

    A．6　　　　　　　B．7　　　　　　　C．8　　　　　　　D．14

9.7 LED 显示器的工作原理是什么？何谓共阳极？何谓共阴极？

9.8 LED 显示器接口有哪几种方式？

9.9 简述 LED 显示器采用硬件译码器实现字符到段码转换的工作原理。

9.10 简述 LED 软件译码动态显示接口设计中的要点。

9.11 设计一个通过 8255A 芯片控制的两位 LED 的动态显示接口电路。

9.12 某医院的一个病房有 8 个床位，床位号为 0～7，每个床位的床头上有一个琴键开关 K_i（i 为床位号，$i=0,1,\cdots,7$），并对应医生值班办公室"病员呼叫板"上的一个 LED。任一开关按下，则相应的 LED 点亮，开关抬起，则相应的 LED 熄灭。试完成以下工作：

（1）采用 8255 接口芯片，设计接口电路，画出连线电路图。

（2）确定所设计的接口电路中各个端口地址。

（3）编写题目要求功能的程序段，并简明注释。

9.13 设显示器的分辨率为 1024×768，显示存储器容量为 2M 字节，则表示每个像素的二进制位数最合适的是（ ）。

    A．2 位　　　　　B．8 位　　　　　C．16 位　　　　　D．24 位

9.14 显示图像的最小单位是＿＿＿＿。

主要参考文献

艾德才. 2009. 微机原理与接口技术. 2 版. 北京: 高等教育出版社.

陈进才, 胡迪青, 刘乐善, 等. 2021. 计算机接口技术. 北京: 清华大学出版社.

戴梅萼, 史嘉权. 2008. 微型计算机技术及应用. 4 版. 北京: 清华大学出版社.

冯博琴. 2002. 微型计算机原理与接口技术. 北京: 清华大学出版社.

顾元刚. 2002. 汇编语言与微型计算机原理教程. 北京: 电子工业出版社.

洪志全, 洪学海. 2004. 现代计算机接口技术. 2 版. 北京: 电子工业出版社.

刘均. 2017. 微型计算机汇编语言与接口技术. 北京: 清华大学出版社.

潘新民, 丁玄功, 王燕芳, 等. 2002. 微型计算机原理·汇编·接口技术. 北京: 北京希望电子出版社.

钱晓捷. 2017. 16/32 位微机原理、汇编语言及接口技术教程. 北京: 机械工业出版社.

秦贵和, 赵大鹏, 刘萍萍, 等. 2012. 微型计算机原理与汇编语言程序设计. 北京: 科学出版社.

沈美明, 温冬婵. 2002. 80x86 汇编语言程序设计. 北京: 清华大学出版社.

史新福, 冯萍. 2000. 32 位微型计算机原理接口技术及其应用. 西安: 西北工业大学出版社.

孙德文, 章鸣嫚. 2018. 微型计算机技术. 4 版. 北京: 高等教育出版社.

孙力娟. 2007. 微型计算机原理与接口技术. 北京: 清华大学出版社.

唐朔飞. 2020. 计算机组成原理. 3 版. 北京: 高等教育出版社.

吴宁, 闫相国. 2016. 微型计算机原理与接口技术. 4 版. 北京: 清华大学出版社.

谢瑞和. 2002. 奔腾系列微型计算机原理及接口技术. 北京: 清华大学出版社.

徐建民. 2001. 汇编语言程序设计. 北京: 电子工业出版社.

杨厚俊, 张公敬. 2006. 奔腾计算机体系结构. 北京: 清华大学出版社.

杨延双. 2010. 微机原理及汇编语言教程. 2 版. 北京: 北京航空航天大学出版社.

姚燕南, 薛钧义. 2004. 微型计算机原理与接口技术. 北京: 高等教育出版社.

余春暄. 2015. 80x86/Pentium 微机原理及接口技术. 3 版. 北京: 机械工业出版社.

赵宏伟, 刘萍萍, 秦俊, 等. 2021. 微机系统. 北京: 科学出版社.

赵雁南. 2005. 微型计算机系统与接口. 北京: 清华大学出版社.

郑初华. 2014. 微机原理与接口技术. 北京: 电子工业出版社.

Brey B B. 2010. Intel 微处理器(第 8 版). 金惠华, 艾明晶, 尚利宏, 等译. 北京: 机械工业出版社.

Triebel W A. 1998. 80X86/Pentium 处理器硬件、软件及接口技术教程. 王克义, 王钧, 方晖, 等译. 北京: 清华大学出版社.

Intel Corporation. 1996. Pentium® processor family developer's manual volume 1: Pentium® processors. [2022-07-10]. http: //intel. com/design/ Pentium/MANUALS.

Intel Corporation. 1996. Pentium® processor family developer's manual volume 2: 82496/82497/82498 cache controller and 82491/82492/82493 cache SRAM. [2022-07-10]. http: //intel. com/design/Pentium/MANUALS.

Intel Corporation. 1996. Pentium® processor family developer's manual volume 3: architecture and programming manual. [2022-07-10]. http: //intel. com/design/Pentium/MANUALS.